幼儿园孩子的"小青春期"

谷金玉 著

石油工业出版社

图书在版编目（CIP）数据

幼儿园孩子的"小青春期" / 谷金玉著.
北京：石油工业出版社，2016. 10
ISBN 978-7-5183-1466-9

Ⅰ. 幼…
Ⅱ. 谷…
Ⅲ. 学前儿童-儿童心理学
Ⅳ. B844. 12

中国版本图书馆CIP数据核字（2016）第221189号

幼儿园孩子的"小青春期"
谷金玉　著

出版发行：石油工业出版社
　　　　　（北京安定门外安华里2区1号　100011）
网　　址：www.petropub.com
编 辑 部：(010) 64523607　图书营销中心：(010) 64523633
经　　销：全国新华书店
印　　刷：北京晨旭印刷厂

2016年10月第1版　2016年10月第1次印刷
880×1230 毫米　开本：1/32　印张：7.625
字数：150千字

定　价：35.00元

作为一名心理学工作者，经常接待家长的咨询，在幼儿阶段众多的问题中我总结了一下，相似率最高的是以下几种现象：孩子在幼儿园打了和他一样大的小朋友，当家长批评他时，他并没觉得自己错，觉得自己非常委屈，还说是别人的错；孩子把幼儿园里的玩具带回家，却理直气壮地说玩具是自己的，不是幼儿园的，孩子的态度坚决得甚至让家长都觉得是自己错了；孩子对着墙上画的冰激凌用力啃，还说真甜，等等。咨询中家长觉得非常不解，但从我的角度看却是非常正常不过的事了，为什么呢？当你读完了这本书，真正地了解了孩子，你一样觉得那些都不再是困惑你的问题了。

有的家长问我，自己读了不少的书，参加过不少家庭教育的培训班，也掌握了不少方法，可不知道为什么，当把学到的方法在自己的孩子身上运用时却没有效果？这个问题很有代表性，是我最想给大家分享的，也是非常有探讨价值的问题。如果教育孩子有万全之策，有标准化的方式，家长何来的焦虑呢？每个家长像考交通规则一样拿到题目背就是了，如果是交通规则考试，你可以通过，但对于教育孩子，即使你背得再熟，等到用时还是一样的效果不佳。这是因为每个孩子都是不同的，都是特别的、独特的，谁敢说世界上有第二个与自己一样的人，有与自己的孩子一样的人吗？不敢吧，不是不敢，是根本没有。也就是说世界上只有一个你、一个我、一个不同于任何人的孩子。既然不同，当然要用不同的方法，如果非要有共性方法的话，那就是尊重每个孩子的不同。

如果你问我，是如何培养自己的儿子的，说实话我还真没有更好的方法，只是对他个性的尊重，对他来到我生命中的一份感恩。为什么这样讲，因为在生我儿子之前我做过一次引产手术，当时怀孕已经近8个月，发现胎儿右枕前脑积水，在医生的劝说下进行了引产。也就是这样的一次经历，我才倍感生命来到这个世界上的不容易。从那一天起，我发誓，无论我生下的孩子如何，我都要去爱他、呵护他，因为我想拥有一个属于自己的孩子。所以对待儿子，我感恩，因为他成全了我做母亲的愿望，也实现了我人生的完整。所以，无论他学什么，不学什么，性格怎样，是否聪明，长得如何，等等，这些都不是问题，我尊重儿子的一切。我知道，即使他有很多不完美，也不是他的过错，而是我的责任。非常幸运的是，儿子快乐、阳光，喜欢音乐，有自己的目标和追求，目前就读于中央音乐学院。

思考了很久提笔写这本书，最想从两个角度来分享孩子的成长。我们知道，家庭教育是个系统工程，一般分六个方面：第一，亲职教育。说白了，就是如何做家长的教育，目前我国似乎还没有统一的课程，孩子的教育是极具个性化的，所以亲职教育非常重要，关乎孩子一生的发展与幸福，当然家庭教育是个性化的，孩子的幸福也是个性化的。第二，子职教育。就是教育孩子如何做孩子，心理学认为：在孩子未成年时期，孩子越小越依赖于家庭的影响，随着年龄的增长，受社会、学校的影响越来越大，但无论如何，家庭是根性的影响。第三，两性教育。对于男孩与女孩如何教育，书中对男孩女孩也有分别的介绍与建议，孩子的性别不同，大脑发育不同，思维方式不同，当然教育的方法也是不尽相同的。第四，夫妻关系。这是家庭和谐的基础和根本，心理学也曾做过家庭关系与孩子学习成绩的研究，结果表明：家庭和谐程度与孩子的学习成绩成正相关。这就说明孩子的行为表现很大程度上取决于家庭关系的和谐程度。第五，家庭伦理教育。这是社会伦理的基础，我们不去评论小皇上、小公主、小霸王等有什么好坏，但就家庭文化对人的浸透性来讲，孩子的道德建设的根本还是来自家庭的影响。第六，家庭资源管理。我有一位朋友接待了一个从美国来的女孩，跟她自己的女儿一样大，都是14岁，美国小女孩吃完饭就要帮忙洗碗，我这位朋友说什么也不让，觉得人家是客人，但美国小女孩说：她在自己的家里，这是她要负责的。美国小女孩说：她有一个哥哥，哥哥的任务是管理院子里的草坪，浇水、修剪、施肥等都是哥哥做的。让孩子从小知道他们在家里是有责任的，是家里最重要的一员，这也是家庭教育的重要内容。

因为家庭教育内容庞杂，本书中只涉及其中的一部分，主要围绕了解孩子、做好家长这一重要问题进行讨论。因为每个个案不同，家长所用的方法也不尽相同，所以，在这里没有绝对的正确，没有绝对的指导，更没有绝对的方法。只有对孩子成长的探究，有对孩子发展规律的尊重和对生命的敬畏。

本书具有以下几个显著的特点。

1. 案例真实，呈现生动

书中分享的案例都是真实的。在动笔之前，我们经历了收集案例、到幼儿园现场教学、阶段性情况反馈、评估对比等环节。为了个案的保密，征得幼儿园和家长的同意后，我们略去了真实姓名。为使个案更生动地呈现出来，在每一个辅导过程中，我们全程录音，把最真实、最生动的瞬间展现给家长朋友。

2. 读懂孩子，尊重规律

心理学研究发现，人们如果了解了你所面对的对象时，人的焦虑程度就会大大降低。当人在平静的状态下，问题就更容易解决。所以，我们呈现给家长朋友的不是一本教科书，更不是育儿经。我们主要从发展的角度来分享3~6岁孩子的心理发展的变化与规律，让家长真正了解孩子，读懂孩子，尊重孩子的发展。有了了解，才能有真正的教育。

3. 理念前瞻，彰显人性

这本书的理念是：每个孩子都是不同的；每个孩子都是独特的；每个孩子都是家长生命中最珍贵的礼物；孩子是家长的老师；孩子是家长的一面镜子。因此，在这里你能感受到对自己的内省、对生命的尊重和敬畏。心理学经常把大自然中品种繁多的植物比喻人的个性，有的孩子的个性像仙人掌，喜欢干燥；有的孩子的个性像竹子，喜欢潮湿；有的孩子像松柏，不择地势……你的孩子的个性像哪种植物不重要，因为这就是他自己，重要的是家长要学会敬畏你对面的生命。

4. 专业分享，深入浅出

这本书是写给关注幼儿成长的人们，更是写给家中有幼儿的家长朋友，这里的案例分享是专业的，但你可以没有任何心理学背景和基础，只要你有一颗爱孩子的心就足以领略其中。为了使分享更能有共鸣，我们把所有专业化的内容进行了通俗化，呈现方式简洁、直接、口语化，避免了专业术语的出现，使家长朋友读起来更加通畅。

5. 个案典型，代表性强

在我们收集到的案例中，有一部分是属于需要进行专业的心理咨询或心理治疗的，在这本书里，我们不涉及。这里我们主要针对家长常见的，孩子在成长中的认知、行为问题进行分享。我们选择的个案都有足够的代表性和典型性。也许个案中问题与你的问题不完全一致，但有可能是同一类型的问题。你同样可以借鉴。

家长朋友，感恩你能看到这本书，如果这本书中的一句话能对你有所启发，我已经非常感恩，如果你能在其中学到更多，我就更要说感恩，我们最感恩的还是我们对面的生命——孩子，没有他们便没有这一切。

目录

快乐导读1：
家庭教育重要，家长更重要

如果我问家长一个问题，家庭教育的主体是谁？是孩子还是家长？换个说法，也许大家更明白。在教育中，是一个幸福的家长能够成就一个幸福的孩子，还是有了一个幸福的孩子家长才能幸福？我这样问你就不言自明了吧。所以家庭教育的主体是家长而非孩子。著名教育家陶行知先生曾这样说："孩子们的性格和才能，归根结底是受到家庭、父母，特别是母亲的影响最深，孩子长大成人以后，社会成了锻炼他们的环境。学校对年轻人的发展也起着重要的作用，但是，在一个人的身上留下不可磨灭的印记的却是家庭。"放眼全球，我们一起去看看。犹太民族一直以人才辈出闻名于世，尤其是第二次世界大战以后，诺贝尔奖获得者中大约有一半是犹太人，而全球犹太人口的数量也只有1500万左右。为什么犹太人会取得如此卓越的成就呢？世界教育专家一致认为，主要原因是犹太人对家庭教育的高度重视。犹太人非常重视儿童教育，他们认同的是：与其说国家的命运掌握在政治家手里，不如说国家的命运掌握在父母手里，推动摇篮的手也是推动世界的手。从这句话中不难看出犹太人是多么重视家庭教育。家长的教育理念、教养态度、育儿方式，更重要的是家长的外在行为表现，对儿童的影响是显著的。这不仅对儿童的学习、行为、情绪等有重要的影响，更对他们的内在态度、价值观和人格形成方面有着深远的影响。

2012年北京市一所中学进行了一项家长的家庭教育水平与学生在校表现之间关系的调查，调查对象是在校的680名学生的家庭。结果发现：家庭教育水平高的家庭，其孩子在校的综合表现为优等的，占总数的95%，基本没有后进生；家庭教育水平低的家庭，85%的孩子在校表现为后进生；而家庭教育水平一般的家庭其孩子在校的表现66%的为中等状态，优等占15%。当然，学校所指的后进生主要表现在：遵守纪律、按时上课、参与学校活动、自我管理、作业按时完成情况、学习成绩、同伴关系、集体意识等综合考察。家庭教育水平指的是：家长的自我约束、生活态度，对孩子的尊重和鼓励、生活习惯培养、学习养成，与孩子沟通、高级社会情感建立、支持孩子自主等方面。对每一维度进行打分，取最后的平均值，与没有涉及的内容无关。比如有的孩子在体育、音乐、表演等方面很有天赋，但没有作为调查的内容。调查所得数据从一个侧面反映了家庭教育的重要性和家长的重要作用，也反映了家庭教育与孩子的行为表现有直接的相关性。

家庭教育的三个维度是指根本态度、知识、技能方法。在这三个维度中最核心的不是知识，也不是技能方法，而是家长对孩子的根本态度。什么是根本态度呢？有这样一个故事，湖北的一个农民，没上过几天学，却把一个儿子和一个女儿都培养成为高才生，而且两个孩子身心健康。这件事得到社会的广泛关注，电视台采访他，问他用什么方法来培养孩子时，他腼腆地说："我的办法跟别人不一样，不是我教育他们，而是他们教我。我小时候家里穷，供不起我读书，要指望我教孩子，那只能是笑话，但如果不管他们，由着他们瞎混，我又不甘心。想来想去，就想了一个办法——他们上学读书时我就跟他们一起学。他们每天从学校回来，我都让他们把老师当天讲的给我讲一遍，然后他们在那里做作业，我也在旁边做作业，我弄不懂的就找孩子问。这样他们又当学生又当老师，学习的劲头不知有多大，哪怕别人家的孩子在外面玩得热火朝天，他们也不动心。他们的成绩也就越来越好，经常考班里第一名。"看到这里，你是不是觉得教育孩子并没有那么难。这位父亲给孩子树立了一个爱学习的榜样，树立了一个知识宝贵的榜样，树立了一个学习机会对人有多么珍贵的榜样，他把孩子当成老师的态度成就了孩子。做一个真实的人、诚实的人，自己有什么就有，没有什么就没有，尤其是在天真的孩子面前，不去扮演，也不去粉饰，只表现最真实的自己，这个不完美的形象、爱学习的形象、不耻下问的形象就是最好的态度，这也是教育孩子的根本。我们有什么就给孩子什么，我们给不了自己没有的东西，对自己没有的东西诚实对待，要去学习，去成长。要想让孩子爱上学习，家长首先要真正明白学习知识是一件非常美好的事，是让人产生智慧的事情，不是苦难，不是惩罚，更不是压迫。要想让孩子热爱生活，家长就应该是爱生活的高手，因为孩子在家长的行为中学到的远远比在家长的言语中学到的多得多。这也是孔子

《大学》中所讲的："自天子以至于庶人，壹是皆以修身为本。其本乱而末治者否矣。"也就是说，无论你的地位多么显赫，或者多么平凡，都要先从自己做起，只有做好自己才能成就别人，如果你没把自己做好，就去要求孩子，孩子也是做不到的，这是自然而然的事情。这就是"圣人行，不言自教"的道理。

前几年，有一位从海南考入清华大学的考生，拿到录取通知书后，电视台想采访这位考生的家长，被这位考生婉言谢绝了，他说："我很小的时候父亲就去世了，母亲一个人把我养大，她没读过书，也不会说什么，如果你们想知道我妈是怎样培养我的，我告诉你们，从我第一天上学开始，我每天放学后，妈妈从来不干别的，只是在看一本她看不懂的黄历，一直等我把作业写完，才一起去休息，每天如此，从不间断。因为她不懂，我也不会问她，而她也不会影响我，她陪在我身边，一遍遍翻着那本发黄的老黄历，这就是她所做的一切。"听到这里，你还能讲什么，妈妈什么也没做，却做了所有。心理学研究发现，陪伴是最好的教育，真正的陪伴没有指导，没有批评，没有指责，也没有这样或那样的建议，只有耐心和信任。因为这位妈妈知道自己不懂，所以她尊重孩子。因为她不懂，所以她相信孩子。妈妈用陪伴成就了孩子，这位妈妈的那份安静就足以让孩子产生自信，孩子知道妈妈对他的信任，也就因妈妈对自己的信任而变得自信了。心理学研究发现：自信与孩子学习的能力成正相关，也就是说，同样的状态下，孩子越是自信，其能力就会变得越强。那让我们看看孩子的自信是从哪里来的，又是谁给的吧。神经科学研究表明，6岁以前的孩子，大脑主要有两种电脑波：θ脑波和δ脑波，θ脑波，是人们沉于幻想或刚入眠时发出的脑波，它以每秒钟4~7周波的频率运行着，这正好属于朦胧时段。δ脑波，是人们沉睡无梦时发出的脑波，它以每秒钟0.5~3周波的频率运行，医学上把这种大脑活性的低水平状态称作催眠状态。在这种催眠状态下，孩子是通过观察父母、家庭成员、老师等成年人的行为来形成他们自己的行为模式的。对孩子最重要影响的人就是父母，因为孩子最多、最重要的信息来源是父母，孩子在毫无意识的情况下获得了这一切。亲爱的家长朋友，现在明白了吗，你与其他家庭成员对孩子自信与否的影响有多大了吧。举个例子，比如家长对孩子说"你真的很棒"，当然不是只停在口头上的，是发自内心觉得孩子真的很棒，孩子就会觉得自己真的很棒，因为孩子也不知道自己是不是很棒，孩子接收到的信息都是来自家长的评价与认同，孩子就会认为自己就是家长说的那样——"我真的很棒"。如果你说："你怎么又打人了？坏孩子才总打人。"孩子接收到的信息是"我是一个爱打人的孩子，是个坏孩子"，这是孩子接收到的、不加区分的信息，是家长给的。所以孩子就总是爱打人，因为孩子是无意的，孩子认为爱打人就是他，不打人才不是他呢。很多家长不解，为什么我总是说不让孩子打人，而孩子却打得更厉害了呢？这就是催眠状态的反映。如果此时我让你千万不要想狗，千万不能想狗的存在，什么样子的狗都不能想，无论大狗还是小狗，无论黑狗还是白狗都不可以想。不用我问你一定在想狗对吗？就是这样，你给孩子提供的信息是"打人，坏孩子"，而孩子只是听你的话去打人，把自己变成坏孩子的，这就是催眠的状态反映。你无意中的语言、行为、态度都在催眠着孩子，孩子成了家长催眠的样子却浑然不知。你会问我那怎么办呀？很简单，从正面讲事情孩子就能从正面得到催眠。比如把"你怎么又打人了，坏孩子才总打人"，可以换成

"和小朋友在一起玩时，握握手好吗？握握手是好朋友"。当然也可以从其他角度来讲，这里只是一个例子，目的是不用"打人"而用"握手"、不用"坏孩子"而用"好朋友"来替代，我想你一定能比我做得更好，因为你的孩子不同，你的语言更能贴近你的孩子。看到了吧，在教育中，家长的作用有多大，你才是教育的主体，尽管你面对的是另一个生命。我个人觉得教育最好的方式是"用自己的生命去影响另一个生命"。这难吗？说难也难，说不难也不难。我们看看之前提到的两个例子，教育孩子就没有那么难，他们的方法也是非常简单的，最重要的是他们对孩子的信任，相信孩子有能力，相信孩子能做到，把孩子当作老师，把孩子的人生交给他们自己，尤其是在孩子6岁之前，这一切就更重要。所以说，无论你是什么学历，无论你读没读过家庭教育方面的书籍，重要的不是这些，而是你对孩子的态度，这才是教育中的根与本。

孩子的未来如何走才是对孩子最好的呢？如果我这么问，我想没有多少家长回答说他们确定知道孩子的人生怎样走才是对孩子最好的。如果你也不能确定，但还经常去给孩子指路、指导，甚至武断地替孩子做决定，这又是为了什么呢？因为我们经常一厢情愿地想帮孩子，认为自己是父母能害孩子吗？替孩子做的决定当然是为孩子好了。我想问，这是真的吗？这个好是从哪里来的？从孩子那里还是从你自己的认知？

心理学有个词叫投射，其中一个意思说的是你眼中的世界是你自己的，不是别人的。中国有句古语叫："药农进山看到的是草药，猎人进山看到的是猎物。"说的就是投射的意思。同样的一个世界每个人看到的却是不同的，不是世界不同，而是每个人看世界的角度不同，无论是世界还是事情都是一样的。但是，人们常常不能觉察这是投射，而固执地认为是为了孩子好。记得有这样一个案例，一位妈妈自从儿子上了大学后，她感到后悔、内疚，整天抑郁焦虑。为什么呢？其实事情很简单，儿子从小爱读书，学习成绩很好，喜欢工程设计，孩子的父亲是大学的数学教授，妈妈想让儿子学数学，这样将来爸爸也可以帮到儿子。儿子从小听话，数学成绩也很好，在填报志愿时，儿子跟妈妈说自己喜欢工程设计，希望妈妈尊重自己的意见，可是这位妈妈却认为，工程师大多都是在外作业，尘土飞扬，风餐露宿，妈妈觉得那样太辛苦了，也太危险，相比之下还是学数学更好。妈妈从心疼孩子的角度说服了孩子，报考了数学专业。妈妈的焦虑抑郁是因为在孩子上大学后的半年里，再也没看到过孩子的笑脸，以前那个上进、热情、自信、阳光的孩子不见了。她跟我说她是个罪人，自己以为是帮了儿子，却害了孩子。实际上家长所有的出发点都是爱，可这个爱是从自己认为的角度出发的，而不是孩子认为的角度。在我看来打篮球这件事真是好辛苦的，可是我儿子的爱好就是打篮球，每次衣服全湿透，却兴高采烈。对于我儿子来说，不让他去打篮球才是难过，有时累则是幸福的体验，当然这一切与累无关，与喜爱有关。我们不是孩子，也替代不了孩子，无论孩子多大都一样。如果对于孩子的路我们也不确定，不确定怎样走才是真正对孩子好的，我们还要帮助孩子指路吗？这是不是像盲人指路呢？指到哪里可能连自己都不得而知，这是家长朋友要思考的问题。教育孩子不是一厢情愿，而应该是两厢情愿。在我看来，考上名牌大学不一定才是最好的，当然也不是说一无所长是最好的，你也许会问，什么才是对孩子最好呢？其实每个孩子不同，所需要的也不同；每个孩子的天赋不同，发展方向也不同；每个孩子的性格不同，选择也就不同。怎样才是对孩子是最好的，我想是因人而异吧。

记得小时候，我每天放学后都是自己回家的，而我同桌的奶奶一年四季都风雨无阻地来接送她上下学，因为我奶奶身体不好，她自己走路都很困难，更别说接送我了，父母为了生计每天忙，也不能指望他们来学校接我，对于上学接送这件事，你们不知道我有多羡慕我的同桌，我多么希望有人接送我一次，哪怕一次也行，可从来没有过。我觉得被接送才是爱的表达，才是家长爱自己的方式，自己才有被宝贝的感觉，这就成了我一直以来都没有了却的情结。我想等我长大后有了孩子，一定天天接送我的孩子，让他幸福到让人羡慕。可是当我真的有了孩子，天天接送儿子时，儿子竟然对我说："妈妈，您能不天天接我吗？我想放学后和同学玩一会儿再回家，我自己能行，同学的家长都不接。"看到了吗？我以为把最好的东西给了孩子，但他却不领情。这就是不同，同一件事不同的答案，因为每个孩子都不一样，内心的需求不一样，所以用的方法也不尽相同。因此我想说，重要的不是方法，是尊重孩子的需求而不是家长自己的需要。这才是最重要的。

教育中常有人把家长的做法进行分类：做自己式家长、

榜样式家长、教练式家长、保姆式家长。这里所谓做自己式的家长，是指那些诚实的父母，他们也不明白孩子如何走才是最好的，所以让孩子走自己的路，他们相信孩子天生是智慧的、有能力的。相信孩子，放手让孩子自己去做决定，而父母只需把自己做好，认真工作，幸福生活，用心陪伴，用爱欣赏，用生命去影响孩子。这类父母明白，孩子是孩子，自己是自己，尊重孩子，平等相处，父母安心，孩子幸福。这类家长的方式也是教育中最轻松愉快的。榜样式家长：家长知道身教重于言教，知道自己的行为对于孩子的重要性，所以在孩子面前总是做得很好，想要做孩子的榜样。我有一个朋友，以前对公婆有很大的意见，有时还会争吵，有一天她告诉我，现在孩子长大了，马上该上学了，以后在孩子面前要做好。我问她为什么时，她说儿子有一天突然跟她说："妈妈，我将来要找一个不跟妈妈吵架的媳妇，不让你生气。"我这个朋友听到孩子这么说吓了一跳，她知道自己的行为对孩子有影响了，怕将来儿子学习她的行为，所以她要去改变。我想说的是，如果把怕孩子跟自己学，变成真的去与公婆建立好关系，才是对孩子最好的，任何形式的表演都比不上真实有力量。因为这样的指导思想，她总是为做榜样而去做，并没有真实对待自己的内心，更没有真正接纳自己的公婆，这就产生另外一个新的问题——压抑自己的情绪。从心理学上讲，有70%以上的人用攻击自己身体的方式来解决自身的情绪问题，也就是说长期的情绪压抑，会使身体处于亚健康状态。教练式的家长：这是目前大多数的家长会采取的方式。把孩子当成运动员来进行训练，给孩子制订规则、要求、时间表、学习的各种科目、达到的目标等。教练式家长为孩子设计的目标多半与能力、智力、知识、未来发展、名校等功名有关，与孩子的内心体验无关，与孩子的幸福感关系也不大，有时与孩子的爱好也并无关联。教练式家长以为自己所做的是对孩子好，我讲的是家长以为，只是家长自己这么认为的，这就叫"自以为是"。是不是家长认为的就一定对孩子是最好的，这太值得商讨了，是不是家长以为的就是孩子最开心的，就更值得讨论。近年来，我们也看到很多家长把孩子训练到高等院校去，也在很多地方宣传什么狼爸虎妈的。心理学研究发现：人的潜能无限，行为训练可以达到某种效果，但是，孩子只有真正发自内心的喜欢，真正自我感觉良好的状态，做事情才能有高能量状态，而这个状态可以创造人间奇迹。"三岁看大，七岁看老"中的"看"，不是训练，也不是教育，而是观察，去发现孩子有什么样的天赋，有什么样的爱好，有什么样与众不的特点，顺其自然地去培养孩子。真实的"教练"一词是相对于运动员而言的，是对专业的技术来指导的。所有运动员所选定的运动项目首先都是适合自己的，才能去训练。运动员的目标是项目的目标，是单一的目标，而孩子的目标则是人生目标，人生目标是一个系统，而非一个维度。什么是系统呢？我个人认为，比如说让孩子身心健康吧，营养、锻炼、智力、环境等都需要，而不是只有一个方面。把孩子训练到高等院校就是成功吗？为什么一定进高等院校呢？后面的动机是谁的？孩子的幸福与家长的训练是什么关系呢？训练的目标是自己的还是孩子的？我想这是需要家长思考的深层问题。保姆式家长：无微不至的关心、帮助、包办，更有可能去替代，替代无法实现时家长则产生焦虑情绪，这是常态。有个小学一年级学生的家长向我咨询，她的儿子小博每天都丢三落四的，半个学期已经丢了十几条红领巾了，不知道怎么办。我问这位妈妈，每次孩子丢了红领巾怎么办？她告诉我她马上从上班的地方打出租车到学校，在学校门口买完给孩子送过去。我说不然会怎样呢？妈妈告诉我那样班级会因为自己的孩子没戴红领巾而扣分，对孩子不好。妈妈说得对，她是在保护孩子，没错，但是不是也有因噎废食之嫌呢？我们来看看，本来这件事是孩子的，现在却成了妈妈的事，试想想看，如果因为小博的失误给班里扣分，这是否是孩子必须经历的？为自己的失误而负责，这是学习的机会呀，是好事而不是坏事。因为家长是保姆，什么都要管的，有求必应，也就剥夺了孩子对自己的事自己负责任的机会，很难不影响孩子的成长。我又问妈妈："如果你真的去不了学校会发生什么？"妈妈想了半天说："孩子会被扣分，之后孩子会不高兴，不过我还是怕对孩子心理不好。"我又问她："你做没做过一件事，只有利没有弊的？"她想来想去，说没有。这时妈妈似乎受到了很大的启发，恍然大悟道："给孩子扣分也没什么，也许孩子就长记性了呢，下次可能就好了，也许是我多想了。"是的，一定会的。常言道："悲喜相随，得失相依，祸福相伴。"我非常高兴这位妈妈的悟性。后来这位妈妈来电话说，自从上次没去学校给孩子送红领巾后，孩子已经两个月没有丢过红领巾了。

　　请问各位家长，在这四类家长中，你属于哪一类？当然，你会说分类不准，这样的分法的确有失偏颇，但这不重要，重要的是想告诉你家长有多么重要，家长是家庭教育中的根基，孩子的幸福成长家长最有权威。家长的根本态度、教育理念、教养方式对孩子的成长无人可以替代。

　　不过，我还是想把我个人对教育的态度分享给家长朋友，对我而言，更倾向做自己式的家长，为什么呢？我用在生活中发生的一个故事来说明我的个人观点。有一次，婆婆送来一碗樱桃给我儿子吃，因为儿子喜欢吃，所以婆婆也就很喜欢送。可这次当婆婆把洗好的樱桃给我儿子时，儿子说樱桃没有洗，不吃。婆婆急了，说自己洗了好几遍的，很干净，于是祖孙二人因为洗没洗樱桃的事说来说去，我走过去一看，发现他们俩说得都对，为什么呢？奶奶确实是洗了，因为有樱桃上面的水珠为证；儿子说得也对，樱桃用手一拿好像是油乎乎的。我想大家一定知道是怎么回事了，原来是装樱桃的碗有问题，碗不干净，奶奶不知道碗不干净，有油渍，因为奶奶的眼睛看不太清，有白内障，所以即使洗得再干净的樱桃，放在不干净的碗里也就成了不干净的了。在教育中我们也常常会看到类似的现象，我们给孩子自己认为非常有道理的指导、帮助、教育，孩子却不听，孩子把家长讲的对孩子真正好的教育当成"垃圾"。我想这可能与我婆婆给孙子的樱桃道理是一样的，樱桃是很好的水果，有着丰富的营养，是我儿子最喜欢吃的，为什么奶奶送的他却不吃呢？是因为樱桃不干净吗？说樱桃不干净不太准确，因为樱桃本身没有问题，确切地讲应该是碗有问题，可我们却常常会说，樱桃不干净所以不吃。在这里碗才是罪魁祸首，是吗？如果是，而这个碗在我们教育中是什么角色呢？我想应该是我们自己，我们讲的道理就像樱桃，本身没有问题，可就是因为我们自己没有那么清明，没有那么明白，最重要是做得没有那么好，就这像那只装樱桃的碗一样不太干净，经过家长这只碗传递过去的信息就不是原有的真实，而是带有家长个人的需要，也就难怪孩子不听了。因此，做自己式的家长，就是让自己更加清明，功夫下在修身上，而不是教育孩子上，用自身去影响孩子，用爱去关心孩子，用行为去引导孩子，用生命去教育孩子。

曾任中国国家足球队教练的米卢说过"态度决定一切"，我非常认同。当我们具有了真爱孩子的态度，其他都是衍生品，有了让孩子幸福、相信孩子的态度，所有的方法你一定都能找到，而且是符合自己的孩子特点的、与众不同的方法。我们常把父母比喻成孩子的第一任老师，孔子说："温故而知新，可以为师也。"就是这个道理。所谓的"故"也就是已经有的、现成的知识，如果你没有也没关系，任何时候都可以去学习，重要的是你是否真的想学，这不取决于你的能力，是取决于你的根本态度。这句话中的"新"，我认为就是指运用不同的方法来对待孩子，这个方法不是现成的，而是通过你发现孩子身上的特点和不同之处，创造出来的、没有过的、新的方法。因为家长不同，孩子不同，所以，培养孩子的方法也不一样。这也就是老子所讲的："人法地，地法天，天法道，道法自然。"也就是说，你可以观察地上生长的植物，每种植物都有不同的特性，有的开花结果，有的只开花不结果，还有的不开花也不结果，有的早开花，有的晚开花，有的果实能吃，有的果实不能吃，有的果实能用，有的不能用，这就是大自然本身。教育孩子也是一样的，每个孩子都是不同的、独特的，喜欢、爱好也不尽相同，没有好坏，只有不同，这就是生命的多样性和丰富性。所以教育不能用相同的方法，但却可以给予孩子相同的爱。

我还想告诉家长朋友，其实孩子天生是爱学习的，上幼儿园的孩子对世界充满了好奇，充满了幻想，孩子什么都想学，什么都想知道。怕就怕家长把鼓励与惩罚错用了地方，让孩子变得不爱学习。犹太人在教育孩子中非常独特，在孩子很小的时候，就让他们看《圣经》，在里面放入糖果等甜的东西，让孩子感受到学习是一件很甜蜜的事。1930年，美国心理学家唐纳德·赫布曾在600个6～15岁的学生中进行实验，得到的信息是，如果在课堂上表现不好，就会被罚出去玩，如果表现好就会有更多的功课，结果在短短的一两天内，学生们都选择了在课堂上好好表现而非出去玩，因为这样他们能学到更多的知识。我儿子喜欢音乐，想考中央音乐学院，当我看到他练习很长时间时，我就心疼，告诉他说："算了吧，我们不考了，太辛苦了，不练了，不如去看电影吧。"儿子竟然对我说："你是我亲妈吗？别人家的家长看见自己的孩子学习都求之不得，你呢，还拉我后腿。"我有吗？因为我知道这样不仅拉不了孩子的后腿，更能让他明白自己真想要的是什么。所以，想了解自己、成就自己、探索世界，是孩子的天性。

记得在我上心理学课时，老师讲过这样一个故事让大家讨论：螃蟹、蝙蝠和猫头鹰三种动物都去学习心理学，共学习了七年，它们各自回到家，经过多年的实践，它们后来都成了心理学的大师。可是螃蟹还是横着走路，蝙蝠还是倒着睡觉，而猫头鹰还是晚上工作，这是为什么？同学们讨论得异常激烈，在我看来，非常简单，因为那是它们的天性。用心观察，你就会发现，每个孩子都有不同的天性。尊重孩子，就是尊重孩子的天性，让孩子健康、快乐、自信地成长。

快乐导读2：
没有了解，就没有真正的教育

前苏联教育家苏霍姆林斯基有一句名言："不了解孩子的内心世界，便没有教育的文明。"有时对孩子伤害最大的不是来自陌生人，而是来自家庭。心理学研究发现，无论做什么事情，首先要对其进行了解，了解是做好事情的前提，完整的了解会降低人的焦虑感，假设你对一件事完全不了解，你的焦虑值是100%的话，通过完整的了解，你的焦虑指数会下降40%。焦虑情绪的降低，更有利于把事情做好。让我们一起从以下几个方面来了解孩子吧。

第一：男孩女孩之间的性别差异

如果我问家长一个问题，教育男孩和教育女孩所采取的方法是否一样呢？你会如何回答呢？告诉家长朋友，是不一样的。近三十年来，一门全新的科学——性别科学正在为人们所了解，美国、英国、加拿大、德国等发达国家研究的结果显示，男孩与女孩大脑之间的差别有一百多处，现在把常见的差异跟家长进行分享。

（1）男孩血液中的多巴胺含量较多，流经小脑的血量更多。多巴胺是人体中的一种化学物质，它的增多可增加冲动和冒险行为的概率。而小脑是控制行为和身体行动的，所以男孩大多比较好动。

（2）男孩的胼胝体（连接两个脑半球的纤维素束）与女孩的体积不同。女孩的胼胝体能容许两个大脑半球间进行更多的交叉信息处理，可以同时同质量地完成多项任务，而男孩只能做一件事。从另外一个角度上讲，说明男孩比女孩更专注，而女孩则更弥散。对于男孩来讲，如果外部更多地干扰他，可能会破坏他的注意力的形成。

（3）颞叶中的神经连接不同。这个部位与感知记忆的存储和听力有关系。女孩对于声音的反应更敏感，而男孩更多的是触觉型的体验。这也难怪有很多男孩的家长说自己的孩子常常听不到别人叫他。

（4）男孩与女孩大脑中的海马（大脑中的一个记忆存储区）的工作方式不同。男孩的海马更偏爱序列，比如对于所讲内容的要点、重点他们更喜爱，但对背、记课文就比较困难。女孩对于背、记的能力优于男孩。

（5）男孩子的额叶没有女孩发育早，也没有女孩活跃。这个部位与注意力、对行为的计划和组织有关。所以男孩更容易做出冲动决定。这也不难理解在小学阶段，女孩更明确老师安排的任务，管理班级更出色一些。这不是说女孩比男孩优秀，只是发育的时间不同而已。

（6）女孩大脑中主要以语言为中心，发育更早也更发达。所以女孩的表达能力与男孩相比更强一些。

（7）女孩拥有更多的雌激素和催产素（这些化学物质直接影响语言的使用），男孩拥有更多的睾丸激素（一种与攻击行为密切相关的激素）与后叶加压素（与权力、等级制度有关）。所以就不难理解，一般情况下女孩比男孩的表达能力更好一些，男孩比女孩更想拥有权威感。

（8）男孩的大脑处理血流的总量比女孩平均少15%。这种结构不利于同时进行多项任务的学习。从另外一个角度来讲，男孩比女孩更容易专注于某项活动，而女孩比男孩更容易多角度考虑问题。没有好坏，只是不同，没有谁比谁好，接纳不同就是最好的。

（9）0～18岁期间在语言功能、倾听、静坐等方面对女孩来讲比较容易，同等条件下，女孩平均比男孩提前1～1.5岁。

所以，家长朋友可以看到，男孩与女孩的大脑发育是有明显差异的，这些差异告诉我们，教育男孩与教育女孩也是不太一样的。比如，男孩颞叶中的神经连接与女孩不同，这个部位与感知记忆的存储方式有关，女孩对于声音的反应更敏感，而男孩更多的是触觉型的体验。这导致男孩在专注的状态下对于声音不太敏感，有时家长会反映，叫了孩子半天也听不到，就是这个原因，如果家长一味地大喊，对于男孩的专注能力反而是种破坏，最好可以用手轻轻地拍拍他，也许比大声喊他效果要好得多。还有，男孩从婴幼儿开始就比女孩更爱动，这是因为男孩血液中的多巴胺含量较多，流经小脑的血量更多，男孩拥有更多的睾丸激素所致。这不是问题，这是孩子的天性，就让他们充分活动、运动吧，而家长的功课就是做好安全保护。

第二：大脑的发展

为什么讲这样的问题呢？我知道很多家长非常关心孩子的智力发展，希望孩子更聪明。美国心理学家布鲁姆认为："一个人的智力发展如果把他本人17岁达到的水平算作100%，那么4岁时就达到了50%，4～8岁增加了30%，8～17岁又获得了20%。"从医学解剖学上讲：2岁时儿童的大脑重量达到成年人的75%，到6岁时，儿童的大脑重量已经达到成年人脑重的90%。研究表明，4岁的儿童大脑皮层的新陈代谢达到顶峰。大脑在孩子未成年之前，有两个加速度期，第一次是5～6岁，第二次是13～14岁。这些研究表明儿童在幼儿时期是大脑迅速发展的时期，也是智力发展的关键期。什么是心理学上的关键期呢？奥地利生物学家洛伦兹发现了"印刻"现象，印刻是动物一种天生的、本能的、迅速的学习方式，发生在生命早期很短的一段时间里，洛伦兹把印刻现象这一特殊时期称为"发展关键期"。心理学研究发现，0～6岁的儿童存在非常重要的"发展的关键期"现象，其中大脑的发展就是这样一个关键期。也就是说在这一时期得到的训练有事半功倍的效果，所以，有很多的家长喜欢在幼儿时期开发孩子的智力。不过，无论家长做的事情对孩子多么有益，最重要的还是孩子喜欢，孩子喜欢的东西才是对他们发展最好的，如果为了提高智力而让孩子失去快乐，这就得不偿失了，甚至是因小失大。因为孩子快乐了，他们的内在情绪感受就会良好，有了良好的感受才能有高能量，只有高能量才能有创造性。

第三：幼儿心理发展最重要的几个关键期

在这里，我把幼儿阶段最重要的几个关键期给家长做个简单的介绍，如果想对孩子进行潜能开发的话，就可以进行针对性、阶段性的训练。

1. 秩序规范关键期

秩序规范关键期是在2.5~6岁，是儿童行为习惯形成的关键期，这一时期形成的性格、行为、习惯往往在长大后也不太容易改变。为什么会这样呢？在前面我给大家介绍了，6岁前儿童的大脑正处在催眠状态。在这种催眠状态下，孩子没有分辨能力，无条件地接受大人所灌输的一切。孩子收到的这些信息，被放在其潜意识思维中。心理学研究发现，人的潜意识要比意识思维强大100万倍，我们95%的行为都是受潜意识支配的。所以，这就是在这个时期形成的一些行为习惯，长大后不太容易改的根本原因。我想，说到这里家长朋友就更明白孩子6岁前的教育为什么这么重要了吧。你此刻给予孩子的，也是将要影响他一生的。家长的行为、态度、价值观对孩子的影响是无可替代、毋庸置疑的。当然，在这一阶段，对孩子进行良好生活习惯的培养，也是完全必要的。但值得注意的是，所培养的习惯是服务于孩子，是让孩子发展得更好，过度地强化习惯，也会使孩子因条条框框过严而没有灵活性，会制约孩子的创造性思维的发展，孩子是在试错中成长的，如果只是为了得到一个习惯，让孩子一味按照成年人的要求去做，孩子就失去了探索的乐趣和自己体验生活的感受。

2. 语言发展的关键期

语言发展的关键期在2～6岁。2～3岁是口头语言发展的关键期，也是说话能力培养的关键期，这时家长应多跟孩子讲话，更多地回应孩子，多给孩子讲故事也是非常好的方式。我有一位朋友，她的女儿4岁了，喜欢看书，但总是不能把一本书坚持看完，就要买新书。妈妈心想，不买吧，怕打击孩子阅读的积极性，如果马上给买又怕让孩子养成不能坚持做完一件事的习惯，两难情况下的妈妈，灵机一闪，对孩子说："这样吧，你喜欢看书这太好啦，你想要新书，妈妈支持，但有个条件，你看完这本书把最后的一个故事讲给妈妈听，用讲故事来换新书，这样好吗？"孩子本来也喜欢讲故事，所以一口答应。这样做真是一举两得，既鼓励孩子阅读，又锻炼了孩子的语言表达能力，真的是太好啦。只要用心，我相信各位家长一定能找到像这位妈妈一样智慧的好方法。心理学研究发现，更多、更丰富的刺激有利于孩子的语言发展。孩子在4～6岁的时候就能掌握语言的基本内容。言语是与儿童的逻辑思维能力、判断能力以及推理能力同时发展的，言语反映了这些能力在各个阶段的发展情况。也有家长说，自己的孩子语言发展比较晚，都2岁了，还说不了几个字。其实，这也不必着急，如果没有器质性的问题，语言的发展也是有差异的，古人也有"贵人语迟"的说法。值得注意的是，在这一阶段幼儿开始学成年人讲话，学习运用词语，但由于孩子的认知发展水平比较低，对很多词不能理解，所以有时表达不太准确，家长不可以取笑孩子或以此来开玩笑，孩子会在大人的态度中读到准确的信息，这会使孩子不敢讲，怕讲错，反而有碍于语言的发展，更有甚者会导致口吃现象。

3. 想象力发展的关键期

想象力发展的关键期是在2~8岁。爱因斯坦曾说过："想象比知识更重要要。"因为想象力的发展是幼儿创造性思维发展的核心。有一次幼儿园组织绘画比赛，主题是环境保护，有一幅作品引起专家的高度注意。孩子的想象力由三张画来表达，第一张：一条小鱼在水中自由地游戏，开心无比；第二张：当江河的水被污染，变得又脏又臭时，水中的小鱼没有办法在下面游泳了，只好把脑袋放在水面上；第三张：小鱼的身体在严重污染的水里变成了黑色，竟然长出了一双翅膀飞向了天空。专家看完后，竖起大拇指说："也只有孩子才有这样非凡的想象力。"当然，由于受认知的影响，幼儿想象的目的性还不太明确，而且想象的主题易受外界干扰而变化，想象的过程也会受到个体的兴趣和情绪的影响，在孩子的想象中，还经常会有夸张性想象，这都是正常的现象。家长应鼓励孩子用他们自己的思维去想象。接触大自然、观看动画片、讲童话或神话故事、去动物园等也都可以发展幼儿的想象力。

4. 第一反抗期

在讲这个问题之前先讲一下什么是自我。自我是个体生理与心理特征的总和。还有一个专属名词叫自我意识，什么是自我意识呢？就是把我当作主体，对自己以及对自己与他人的关系的一种认识。把自己作为主体，从客体中区别出来。一般来说，孩子从3岁左右，就能够真正地区分你是你、我是我了。这在3岁之前孩子是做不到的。这是人作为独立个体性特征的重要标志之一，同时也是人类意识区别于动物心理的重要标志之一。所以我们看到3岁左右的幼儿总爱说"不""不行""不是""这是我的"，等等，孩子不像以前那么听话，他们经常有自己的主张和意见，即使做得不好，也要亲自尝试，孩子用"不"来宣告自我的存在，最重要的标志是"物权归属"，他知道什么是自己的，自己的可以不让别人拿，自己是有这个权利的。心理学上把这种现象叫"第一反抗期"，是因为孩子的自我得到发展而产生的。心理学研究发现，在三四岁的孩子中，表现出反抗精神的孩子，未来更容易成为心理健康、人格独立而且坚强的人，而丝毫没有反抗、过于顺从的孩子，往往在性格上趋于软弱和寡断。

人最在意什么？心理学研究发现，没有什么比对自我价值的评价更让人在意的事情了。也就是说，在心理发展中，人们十分重视他人对自我价值的评价。这个评价通常能被人体验到，要先从别人那里得到评价后，再进行自我评价。幼儿自我价值感的主要特征是：是否符合社会价值标准主要依赖于外界反馈，比如老师、家长、同伴等，孩子的价值随他人评价的变化而变化，因而它是情境性的，是不稳定的。孩子对自我的价值感只有好坏，没有折中的态度。可见成年人对幼儿评价有多么重要，这直接关系到孩子的自我评价和自我建设。在心理学课上，有一部纪录片让我终生难忘，名字叫《黑白娃娃》，是美国的心理学家拍摄的，记录的是对不同年龄、不同肤色的幼儿进行的访问。访问的内容非常简单，给孩子两个布娃娃，一个黑色皮肤，一个白色皮肤，问题是："这两个娃娃有一是坏的，你认为是哪一个？"结果无论访问的是黑色皮肤还是白色皮肤的孩子，他们的回答都指向黑色皮肤的布娃娃，在孩子的心里，黑色皮肤的孩子更坏一些。为什么会这样？有的孩子自己也是黑色皮肤，为什么也说黑色皮肤的布娃娃更坏呢？这是真的吗？不见得吧，可为什么孩子的回答竟然如此一致，这一定不是孩子自己想的，这是谁说过的？是孩子还是大人？我想答案已经明白，孩子在大人那里建构了自己的想法，一个并非是真的想法，这种建构就像人的影子一样挥之不去，无论多久。所以，对于孩子的评价家长千万要小心，帮助孩子建立良好的自我认同，也是成就了孩子。心理学研究发现，父母更多的鼓励、欣赏、支持与爱，能够帮助孩子建立更高的自我评价。

5. 个性形成的关键期

如果父母用心观察，就会发现有的孩子喜欢音乐，他们就会对音乐表现出浓厚的兴趣；有的孩子喜欢舞蹈，经常是音乐一响他们就会跟着节奏扭来扭去；还有的孩子喜欢手工，平时坐不住，但做手工时却能坚持很长时间，这就是兴趣的力量。兴趣是孩子创造力的源泉，这一阶段孩子表现出不同的兴趣和需求，有时可能不太符合家长的希望，这种可能性还很大。尊重孩子的个性，才能成就孩子，而尊重家长的希望，成就谁也就不得而知了，爱孩子的另一种表达就是尊重。心理学有这样的实验，是关于兴趣与财富的：美国一所大学，将应届毕业的大学生分成两组，第一组是按自己兴趣去找工作，就是无论毕业于什么专业都不重要，重要的是找自己喜欢的工作，收入不作为主要考虑内容，能够养活自己就可以；第二组不是按自己的兴趣，是按自己所学专业，更重要的是工作条件好、收入高。心理学家进行了20年的追踪，结果发现，第一组，也就是按自己兴趣找工作的大学生与第二组按收入及条件找工作的大学生相比，第一组的财富是第二组的100倍。是的，当一个人沉浸在自己喜欢的、想做的事情中时，就会有旺盛的精力与无限的热情，就会创造性地去工作，这样的热情就会持久，就会把工作做到最好，而财富是在把工作做好之后的产物，这就不难理解，为什么做自己喜欢的工作才能拥有更多财富了。

第四：幼儿的主要社会性发展

1. 同伴关系

2～3岁的儿童不太在意小朋友是否与他一起玩，而对于3～6岁的儿童来说，就不同了。孤立、不和他玩以及大人的不理解，特别是误会、不公正对待、批评等，都会使他们非常伤心。从3岁起，儿童偏爱与同性同伴一起玩。因为男孩与女孩喜欢的也不相同，这是可以理解的，同性同伴一起玩的现象会持续到小学高年级。同伴关系的重要性体现在更多方面。1977年，美国心理学家福特对儿童进行了一项实验：要求成对的儿童一起观看幽默卡通片，其中一组两个儿童是朋友，另一组两个儿童不是朋友，相互不认识。结果发现：两个是朋友的与两个不是朋友的儿童相比，前者表现出更多的快乐、更多的笑声。这个实验说明孩子因为有了同伴会更开心。第二次世界大战中有6个婴儿因为失去父母在一所孤儿院里长大，这6个儿童像亲兄弟姐妹一样相互依恋，相互帮助，一起成长。多年后，心理学家对他们进行访问与调研，看是否因为失去父母而产生心理问题。结果发现，这6个孩子长大后没有人身心有缺陷，他们都成了正常有为的成年人。同伴关系可以弥补因失去父母而带来的痛苦，所以良好的同伴关系从幼儿起就显得非常重要。现阶段我国大多都是独生子女，在家没有同伴一起玩耍，让孩子建立良好的同伴关系就更为重要。

2. 幼儿的游戏

心理学对于游戏不同的流派有不同的解释：精神分析认为，游戏的重要作用是帮助儿童宣泄成熟发展过程中的不良情绪，帮助他们消除由创伤事件带来的消极情绪、认知心理学认为，游戏可以强化儿童的发展，即提供了巩固儿童发展结果的环境；布鲁纳和雪尔华认为，游戏可以导致发展。这是不同的心理学派对游戏的作用的不同认识。的确，幼儿最重要的社会化发展活动就是游戏。通过不同学派的分析，游戏对幼儿心理发展起着非常重要的作用，主要表现在：第一，促进认知的发展。尤其是对语言的发展有非常重要的作用。比如讲故事、表演节目，有的需要动脑筋，可使幼儿的思维能力、想象力、创造力得到发展。有的需要讲话，能促进幼儿的词汇发展。第二，促进幼儿情绪的发展。游戏是一种道德教育，在游戏中孩子的身心处于一种积极主动的活动状态，孩子能够学习规则，宣泄情绪，寻找适合自己的不良情绪的发泄方式。对于儿童健康具有非常积极的作用。男孩在战斗游戏中更能释放能量。第三，在幼儿意志品质中起到积极的作用。比如玩捉迷藏游戏时不能发出声音、"大家都是木头人"游戏中不能讲话也不能动等，这些对于儿童意志力都是很好的锻炼。游戏符合幼儿活泼好动的心理特点，并满足了他们的好奇心，激发强烈的兴趣，他们在游戏的情境下更能克服困难，完成任务。第四，在个性形成中起到重要作用。在游戏中幼儿表现出更为突出的个人特点，有的好动，有的安静，有的争强，有的服从，这样家长就可以有针对性地进行教育。游戏对于让孩子懂得合作、谦让、遵守规则等也有着非常重要的意义。之前有一位家长咨询，说自己家的孩子在玩游戏时，总是被人指挥来指挥去，家长认为这样不好，怕长大了受人欺负。我想提醒家长的是，没有什么好不好，也没有受不受欺负，重要的是每个孩子都不一样，找到适合他们的位置和角色都是最好的。

3. 幼儿的人格特点

幼儿的人格存在着活泼、好动、好奇、好问、好胜心强、爱模仿、自我中心现象、真实与想象混淆、容易冲动等特点。儿童的情绪容易发生变化，自制力不强。这些鲜明的人格特点，在幼儿阶段都比较明显。当然，这些人格特点都是以成年人为参考标准而讲的，如果没有成年人的这个参照标准，其实孩子原本就是这样的，这也就是孩子的本真而已。

第五：幼儿发展中的"特殊"现象

1. 千万不要打孩子

我们都知道在中国传统教育中，打孩子是司空见惯的事情，尤其在我国的农村，家长把打作为主要的教育方式和手段，我小时候就被妈妈打过，当然是极少的现象。中国有句俗语叫："棍棒底下出孝子。"说的是打孩子的理由和效果，即使打能使孩子孝顺父母，可孩子内心的伤害呢？孩子有可能会因此产生更为严重的心理问题，我想这也是家长不想看到的，更是爱孩子的家长不想要的后果。心理研究学发现，经常遭受虐待的孩子，大脑有可能产生永久性的改变，成年后大脑中杏仁核和海马的结构缩小，这些是调节人的记忆和情绪的边缘系统。如果有永久性的改变，就会导致成年期的反社会行为。但并不是所有的儿童都会出现永久性创伤，实际上有一些儿童非常好，适应力还比较强。但更多的科学证据表明：应该避免打孩子，体罚可以让孩子即刻听话，但是也会产生严重、长期的副作用。例如，打孩子通常伴随着低质量的亲子关系，以及孩子和父母较差的心理健康，孩子会有更严重的不良行为以及更多的反社会行为现象。打孩子也会让儿童觉得暴力是可以解决问题的有效方式，他们同样会效仿。美国科学会强烈反对使用任何形式的体罚。无论是心理还是身体上的虐待常常伴随着儿童在学校的低自尊、撒谎、品行不良和学业不理想。在一些案例中它可能导致犯罪、攻击，甚至谋杀。有的还会变得沮丧，甚至自杀。所以爱孩子的家长，从现在开始，要动手拥抱孩子而不是动手打孩子。

2. 如何看待幼儿的"说谎"

心理学研究发现，幼儿在6岁之前对于想象和现实有时分不太清，他们会把渴望得到的东西说成是已经得到，把希望发生的事情当成已经发生的事情来描述，而且经常身临其境，他们的情绪反应真的与亲身体验的一样。这并非是孩子在"说谎"，而是连他们自己也分不清楚罢了。主要原因是幼儿的记忆正确性比较差，容易把现实与想象进行混淆，用自己虚构的内容来补充记忆中残缺的部分，把主观臆想的事情，当作自己亲身经历的事情来回忆。所以幼儿会在把幼儿园里喜欢的玩具当成自己的带回家，还坚决说这是家长给他们买的，看了动画片后也觉得自己和动画片里的人物一样的有超能力，等等。这都不是说谎，成年人所指的"说谎"带有更强的欺骗性和故意性，而孩子没有任何有意欺骗家长的意思，只是他们的认知发展水平发展比较低罢了。

3. 孩子的左右不分现象

在我儿子上小学一年级时，老师让他带队伍，他在二班，老师让他把队伍带到一班的左边，可是他连续两天都带错了地方，其实这也是正常的。一般来讲，儿童在3岁左右能鉴别上下，4岁以后可以鉴别前后，5岁以后以自我为中心开始鉴别左右，6岁能够鉴别上下前后四个水平，由于左右空间关系的相对性比较突出，7～8岁儿童把握起来比较困难。所以在8岁之前的儿童，对于左右不分也是正常的。他们对于时间知觉也是一样的，3岁幼儿对于时间只能注意到与生活相关的点，比如吃饭、太阳升起，对于今天、明天、后天是很难理解的，他们只有现在。4岁左右能够知道概念，但不明白什么意思，5～6岁以后，对于上午、下午可以区分，星期几也可以知道，但还不能正确运用时间标尺，8岁以后开始有了稳定性，时间知觉接近成年人。幼儿无法区分时间与空间的关系。快慢这种相对的概念6岁以后才可分开，真正成熟要到8岁以后。所以孩子经常听不懂家长在讲什么。我们经常看到，家长在送孩子去幼儿园的路上，一边急，一边催促孩子，快点，快点，还有十分钟就迟到了，孩子用迷茫的眼神看着家长，不知道家长在说什么，因为孩子听不明白，这是正常的，因为他们的感知觉发展的水平还比较低。如果家长了解孩子这一时期的特点，就不用担心了，只讲孩子能听明白的话，不讲家长自己明白而孩子不明白的话，就是爱的表达。

4. 自我中心现象

心理学中有一个实验叫三山实验，实验是这样的：实验者在三座山上分别放有十字、房子和白雪，在山的对面放着一个小玩具熊，让孩子们围着山转，当停在一座山前面时，问他们看到了什么，他们都能回答自己看到了什么，问他们小熊看到了什么，他们回答的也是自己所看到的，8岁以下的儿童一般不能成功完成实验要求的任务。这种现象就叫儿童思维的自我中心现象。也就是说，8岁以下的儿童还没有从别人的角度看问题的能力，他只能从自己的所在角度去看。心理学家格塞尔认为个体成熟是有原则的，这是他理论的核心原则，即认为个体的发展取决于成熟，而成熟则取决于基因所决定的时间表。在儿童尚未成熟之前有一个准备的状态，这个状态就是儿童由不成熟向成熟过渡的阶段，处于准备阶段的儿童，相应的学习能力尚未具备，这时如果让他们学习某种技能，就难以达到真正的学习目的。这不仅表现为学习难度大，还表现为学习成绩不巩固，危害严重的还会伤害学习者的学习动机和学习兴趣。记得有位家长咨询，说孩子5岁了，提前上学好不好？我想这个问题也要因人而异，一般情况下，我不太主张过早上学，因为孩子的发展还在准备阶段，这也是格塞尔的原则，说得直白一点就是到什么时候做什么事。

与家长分享这些知识，就是让家长朋友了解孩子现阶段的发展状态，真正了解孩子就不会拔苗助长，就不会强人所难，就会有耐心，也就是最好的教育了。

5.爱模仿

爱模仿是儿童的典型行为特征，在幼儿初期表现尤为突出。因为幼儿的独立性差，模仿对孩子有非常重要的意义。成年人的行为和语言，常常是幼儿模仿的榜样。美国心理学家曾做过这样的实验：对象是60名小学生，分成两组观看影片，其中一组30人在一起看的是一名运动员在获得世界冠军后得到了很多奖品，冠军并没有把奖品拿回家，而是亲自送到了边远地区，送给了那些需要救助的人，而另一组30人看的是一部喜剧片。对这60名学生追踪了20年，发现看运动员送奖品的儿童，他们成年后75%的人喜欢做志愿者帮助别人，而看喜剧片的儿童成年后有30%的人喜欢做志愿者帮助别人。心理学研究还发现，在小学三年级以前，尤其是在幼儿阶段，通过看录像、讲故事、参加活动等，以及成年人的行为对儿童的影响是最深远的，这种影响会一直延续到成年。

幼儿的心理发展看似特殊，其实正常，那只是幼儿发展过程中所必经历的常态现象而已，通过学习，我想家长朋友一定明白，再多的现象也只是现象，而不是问题，如果把现象当成问题那才是真正的问题。让我们在养育中感受孩子给我们带来的快乐与感动，感受旺盛的生命带给我们的力量。爱就是真正的了解，也是家长送给孩子最珍贵的人生礼物！

动不动就会哭

（一）

常听见家长抱怨，孩子动不动就会哭，有时搭个积木、穿个袜子也会发脾气大哭，"这个我不会，你给我搭"或者"我不会弄，你得帮我"。其实，这个年龄段的大多数孩子都会有这样的反应，有时候，他们是由于自己的能力达不到，手还不够灵活所以有心无力，想要用"哭"发泄情绪，获得大人的帮助。如果家长可以鼓励孩子多多尝试几遍，给他足够的时间。

周末，妈妈给奇奇买来一个新的马桶圈，奇奇高兴极了，迫不及待地想要拆开看。拿出来鼓捣了半天后，奇奇发现马桶圈无法再放回塑料袋里了，无助之下，她一屁股坐在地上又哭又闹："我放不进去，妈妈你帮我放。"见孩子一脸着急的模样，妈妈并没有上前帮忙，眼看到了饭点，她便安慰奇奇说："宝贝，你先去洗手吃饭，吃完饭有力气了再试一试。"于是，孩子乖乖地洗手吃饭，但还是不肯死心地盯着马桶圈。

妈妈告诉奇奇："脑子越用才会越聪明，手脚越动才能越灵活，你一会儿要是能想出办法来，就变聪明了，你想变聪明吗？""我想。"奇奇回答说。或许是因为吃完饭有了力气，也可能是因为受到了妈妈的鼓励，奇奇汲取之前的教训，果然一下子就把马桶圈装进塑料袋里了。"宝贝真棒！"听见妈妈的表扬，奇奇笑得像朵绽放的小花，一脸的自信和满足。

（二）

佩佩是幼儿园中班的"淘气包"，他性格冲动任性，情绪很容易激动，每次被老师批评就会号啕大哭，不予理睬。

这天，佩佩又在教室里没经老师允许随意走动，游戏环节也不好好投入，甚至还时不时干扰其他小朋友。老师见耐心劝告对他起不了任何作用，就稍加严厉地要求佩佩按照游戏规定站到自己的位置上，没想到，佩佩立马大哭起来，又吵又闹，开始捣乱。

通过与佩佩父母的沟通，老师了解到，佩佩在家就是一个十足的"爱哭鬼"，每次遇到一点不顺心的事情就大哭大闹。有一次，到了晚饭时间，佩佩还不愿回家，吵着闹着要和其他小朋友继续玩，妈妈每隔十分钟催他一次，他就会哭着央求妈妈让自己再多玩一会儿。妈妈心一软，就答应下来。后来，佩佩更加不愿意回家了，只要妈妈不答应让他继续玩，佩佩就哭闹，以至于一旦他的要求得不到满足，他就会耍赖、不停地哭泣，直到大人让步妥协。

为了帮助佩佩改掉爱哭的习惯，妈妈决定配合老师一起行动。在家里，父母会明确规定佩佩玩耍的时间，并告诉他何时应该回家，否则会对其进行严厉的惩罚。如果孩子再有哭闹行为，父母也不哄不劝，对其置之不理，直到孩子哭够了为止。在幼儿园里，佩佩每次无理取闹时，老师就把他一个人带到休息室，让他在那里玩自己喜欢的玩具。慢慢地，当佩佩发现不是什么事情都能通过哭闹解决时，他也渐渐地改掉了爱哭的毛病，成了真正的"小男子汉"。

（三）

3～4岁的孩子由于语言能力有限，无法准确地说出自己内心的感受，所以常常会用哭泣表达不安和焦虑的情绪。有时，他们只是为了向大人求证爸爸妈妈是否爱他，老师是不是还在意他。

王老师就在自己的班级里遇到了这样一个小朋友。吃早饭时间到了，老师请小朋友们先放下手中的玩具，按照从前排到后的顺序排队洗手。正在这时，教室里响起了哭声……原来，是坐在第二排的萍萍大哭起来，一边哭还一边说道："老师，你能不能先叫我啊？老师，你是不是忘记我了？你先让我去吧。"情绪非常激动。老师马上走过去安抚她，让她要耐心等待不要着急，并且告诉萍萍："老师怎么会忘记你呢，老师不仅爱你，也爱幼儿园的每一个小朋友。"

后来，王老师问萍萍妈妈是否知道孩子爱哭这件事，妈妈说的确如此。再一问，发现萍萍之所以会常出现这样的情绪，不是没有缘由的。"你不好好吃饭妈妈就不喜欢你了""好好睡觉妈妈才爱你，不然我就去抱隔壁家小弟弟了"……妈妈在家里总是会对萍萍说这样的话，时间一长，孩子就会误以为父母对自己的爱是有条件的，如果不听话、表现不好，就会失去爸爸妈妈的爱。以至于孩子的内心极度不安，常常莫名地发脾气，拼命地用哭闹的方式证明父母是不是爱自己。

对于孩子的这种心理，父母要好好反思，是不是你从未给过孩子坚定的保证："无论如何，你永远都是爸爸妈妈的好宝贝""不管怎样，我们都永远爱你"。让孩子明白，父母给予他的爱是无条件的，不会因为他不听话、要小性子就减少。但同时也要让孩子知道，爱是有原则的，他要学会为自己的行为承担责任。只有当你给孩子建立了足够的爱和安全感，孩子才不会通过哭闹的方式去索取它。

心理学的秘密

20世纪20年代末，美国心理学家斯金纳为解释"操作性条件反射理论"，做了这样一个实验。

他将8只鸽子关在一个笼子中，为了让鸽子对寻找食物有更强的动机，在测试的前几天，他都没有喂养鸽子，然后在这种饥饿状态下用食物分发器进行喂养，食物分发器每隔5分钟就会分发一次食物。

实验结果显示，这8只鸽子中有6只产生了非常明显的反应：

有一只鸽子反复将头撞向笼子的一个角落；有一只不断地在笼子里转圈；有一只把头放在一根看不见的杆下面并反复抬起它；有一只形成了不完整的啄击或轻触的条件反应；还有两只鸽子不断地摇摆着头和身体。这几只鸽子似乎都认为只要重复某个动作就可以得到食物。

随后，斯金纳把一只摇头的鸽子单独关了起来继续实验。这一次，他将食物分发器的时间设置为1分钟。此刻，鸽子的表现更加精力充沛了。就像是一种迷信的行为，它相信只要不断晃动就可以获得食物，在这1分钟内，这只鸽子竟像是在表演一种舞蹈，斯金纳称之为"鸽子食物舞"。

当停止使用食物分发器后，鸽子这种摇晃的迷信行为才开始逐渐消失。然而，在这完全消退的过程中，这只"跳舞"的鸽子之前那种反应的次数竟超过了1万次。

通过斯金纳的操作条件反射学说，我们可以发现，孩子在幼儿园表现好，老师会给他一朵小红花，并对其进行表扬，儿童的积极性就会大大增加，表现就会越来越好。儿童得小红花的频率就会因为老师和家长的强化而得到增加，反之，得不到小红花的次数就可能会减少。

故事（二）中，孩子之所以用哭闹行为来应对妈妈，是因为每当他用哭泣表示反抗时，都能获得妈妈的让步，于是，哭闹行为发生的次数越来越多。可见，孩子用哭闹的行为达到了目的，而母亲的一再让步就是对孩子这一行为的强化，这也就不奇怪，为什么孩子哭闹行为发生的频率是增加的。

因此，家长并不能完全把孩子喜欢用哭闹解决问题，归于他们的"不懂事"。儿童许多无理取闹的行为都是在日常生活中观察并学习到的。面对这类情况，我们要做的是不去强化它，而应慢慢去消退这种行为。

玩弹球游戏机还是吃糖？

这是1959年普雷马克给孩子们做的一个实验，在这个实验当中出现了一个有趣的现象：如果想要本身喜欢玩弹球游戏机的孩子吃更多的糖，可以把玩弹球游戏机作为强化物；而对于本身喜欢吃糖的孩子，要想增加他们玩弹球游戏机的频率，可把糖作为强化物。这便是著名的普雷马克原理——想B除非A。

简单地说，普雷马克原理是用孩子喜欢的事情作为一种强化的手段，刺激孩子去做他们本身不喜欢但却是正确的或者家长们希望他们去做的事情。例如："你如果想要出去玩，就必须要做完作业。"当有一件喜欢的事情在前面等着你去做，那么另外一件事情即便是不喜欢也会很快完成。可见，普雷马克原理是家长帮助孩子克服某些缺点的一个不错的妙方。

例如，孩子在上课时想要上厕所却没有举手向老师报告，而是围着教室乱跑，大喊大叫，面对这样的行为，老师可以不予理睬，并告诉班里其他小朋友："要上厕所的小朋友请举手告诉老师。"如果有小朋友举手报告："老师，我想去厕所。"这时，老师可以立刻对其行为进行表扬，并说："还想上厕所的也请举手告诉老师，我们都要向这位小朋友学习。"这是对孩子良好表现的一种强化。

当然，采用"消退原理"时，家长和老师也要避免半途而废。例如，妈妈有时会对孩子的哭闹行为置之不理，但时间一长又会于心不忍而放弃自己的坚持。没等孩子的哭闹行为消退，就满足其要求，这样做只会进一步强化孩子的不良表现。

谷老师分享

家　长： 我家孩子刚满4岁，可能是爷爷奶奶带的时间长，过分宠她的缘故，孩子很娇气，凡事都得让人依着她，一有不顺心的地方就大哭。昨天，她吵着闹着让爸爸给她买一个布娃娃，我们告诉她家里玩具很多了，以后再买，她就立马不干了，抱着她爸的大腿不肯走。孩子哭了好长时间，我们实在拗不过她，最后还是给买了。我们都知道这样惯孩子不好，但又不知道该怎么做。

谷老师： 我遇到的很多孩子都有类似的问题，喜欢用哭的方式"要挟"大人。其实，对于孩子的不合理要求，作为家长，我们还真得"硬下心"来，但同时又不能伤到他的自尊。孩子哭的时候，我们可以心平气和地告诉他："妈妈很爱你，看你这样难过妈妈心里也不好受，如果你真的觉得委屈就哭一会儿，妈妈在这儿陪着你，等你哭够了我们再出去玩。"当孩子发现哭泣在你这里达不到任何目的，他自己慢慢就会知趣收声了。

我想把两岁半的孩子送幼儿园

幼儿园的故事

一位幼儿园的老师跟我们分享了这样一个故事：

潇潇是班里数一数二聪明乖巧的小女孩，老师、同伴都很喜欢她。可是最近，我们和她的家长却遇到一个棘手的问题。潇潇小朋友由于2月在家休假，所以在她3月来园时出现了较为明显的分离焦虑情绪。每天早上爷爷奶奶送她来时她总会大哭不止，并且死死地攥住奶奶的衣服不撒手。这可把爷爷奶奶急坏了，任凭老师和家长怎么哄她都不松手，每次她的小手都快要把奶奶的衣服撕破了，迫于无奈，我们总是抱着她进屋，才能将她和奶奶分开。

可有意思的是，孩子一到班里，看到其他小朋友在玩耍时很快就不哭了。这样的情况持续了半个月。于是我找来家长进行沟通，我们最后决定尝试让不常送潇潇上学的爸爸送她。果然不出所料，爸爸送的第一天，她的情绪就有很大缓解，不再大声哭闹了。

心理学的秘密

分离焦虑又称离别焦虑，是婴幼儿焦虑症的一种类型，一般多见于学龄前期。是指婴幼儿因与亲人分离而引起的焦虑、不安或不愉快的情绪反应。也就是，当婴幼儿和某个人产生了亲密的情感关系后，又要与之分离，从而产生的抗拒、哭泣、伤心和痛苦。

分离焦虑有三个阶段：

第一阶段：反抗——号啕大哭，又踢又闹；

第二阶段：失望——仍然断断续续哭泣，变得没有那么吵闹，表情迟钝呆滞，不搭理他人；

第三阶段：超脱——接受别人的照料，也开始正常吃东西，玩玩具等活动，但是看见最亲的人时还是会悲伤。

奥地利著名的生物学家康拉德·劳伦兹曾经对灰腿鹅进

行了一项不寻常的实验。他把灰腿鹅生的蛋分为两组孵化。第一组由母鹅孵化，孵出的雏鹅最先看到的活动物是母鹅。后来出现的现象是母亲走到哪儿，它们就跟到哪儿。第二组蛋使用人工孵化器孵化，雏鹅出生后没有让它们看见自己的母亲，而让它们最先看到劳伦兹本人。奇怪的事发生了：劳伦兹走到哪儿，小鹅就跟到哪儿，原来小鹅把劳伦兹当作"妈妈"了。

随后劳伦兹把两群小鹅放在一起，扣在一只箱子下面，让母鹅站在不远的地方。当劳伦兹突然把箱子提起时，受到惊吓的小鹅分别朝两个方向跑去：记住母亲的那些小鹅冲向了母鹅，记住劳伦兹的则朝劳伦兹跑来。

这就是生物学中常见的"印随行为"。以后又有很多科学家对此进行了研究，发现能产生印随行为的动物有许多种，大部分鸟类、豚鼠、绵羊、鹿、山羊、水牛、某些昆虫及多种鱼类都能产生印随行为。

虽然这是发生在动物界的现象，但是也给我们以启示。是什么启示呢？

那就是妈妈的工作不能由他人代替，孩子的教育必须要由母亲来承担。小动物出生之后都会本能地追随母亲，何况是有情感有思想的人类呢？孩子不仅需要生理上的满足，还需要母亲感情的投入。现在的很多母亲都是职业女性，也许没有很多的时间和孩子朝夕相处，你可以请别人代为照顾孩子的生活起居，但是孩子的教育和平时的情感满足，这是一个母亲的天职，无论有什么样的理由，这个责任都不能推卸。

孩子成长的早期环境将会直接影响他成年后的社会关系，决定他与别人相处的模式。如果从小没有形成良好的依恋关系，那么在他日后与别人建立信赖关系方面就会出现障碍。孩子刚出生的时候，第一个本能反应就是寻找母亲的乳头，因为这是他与世界的第一个紧密、安全的联系。一岁半之前，孩子需要和母亲亲密相处，才能建立母婴依恋的安全感。如果这个时候，母亲不能照顾孩子，那么这种安全感将很难建立，孩子心里会充满恐惧。

后来劳伦兹又做了一个实验，他把刚出生的小鹅与外界隔离，过了几天再让别的动物去接近它，结果小鹅就再也不找妈妈了，即使母亲出现也不去理睬。劳伦兹把这种现象称为"母亲印刻期"，也叫作"关键期"。

这个时期非常有限也很短，错过这个时期，小动物就再也不能形成"母亲印刻期"了，以后也不可能弥补。所以自己的孩子自己带不仅是为了让孩子得到好的教育和形成安全感，从母亲的角度来说，这也是与孩子建立感情的最好时期。只有在这个时候对孩子进行了感情投资，孩子才可能与母亲形成亲密的关系，并把这种与母亲的亲密感保持一辈子。

另有心理学家曾对一个印第安少数民族进行过研究：这个民族特别的慷慨和有安全感。为什么会有这样的特性？据观察，他们的孩子两三岁甚至到四五岁都还在母亲的怀中吃奶，也就是说在孩子生命的最初，他们得到了母亲给予的最大的安全感。

安全、自我、关系、使命和能力是心理学家米歇尔·波尔巴的自尊理论模型中自尊的五个要素。自我感觉好，能够尊重和信任他人，从而获得自信，这就是安全的表现。当一个人安全感越低，就越容易出现焦虑的情绪，容易产生防范心理，逃避社交活动，不愿轻易相信别人。

谷老师分享

家　长：我家宝宝两岁一个月了，我和他爸爸都是工薪族，孩子以前都是给爷爷奶奶带的，但有人说老人带孩子容易把孩子惯坏，不如早点送他去幼儿园，让宝贝适应集体生活。可孩子这么小我又不放心，怎么选择才好呢？

谷老师：一般来说，36个月大的孩子才能做到和母亲长时间分离。太小的孩子还没有完成与母亲的心理分离就被送进幼儿园，会产生分离焦虑，导致依恋情绪的上升，造成宝宝与妈妈的情感疏离。另外，孩子太小，许多能力还达不到，比如排队洗手、吃点心、上厕所等，一旦孩子发现自己与其他小朋友的差距，他就会产生"自卑感"，觉得自己不如别人。等宝宝在家锻炼一段时间，有了一定的自理能力再送进幼儿园也不迟。

这么小就说瞎话

幼儿园的故事

（一）

在生活中，经常会遇到这样的事情：一个孩子说："我爸给我买了遥控汽车。"另一个说："我家的遥控汽车有房子那么大。"我们都知道这不可能，可孩子们却说得非常来劲儿。

一天早上，妈妈让舟舟起床穿衣服，舟舟瞅了一眼摆在床头的衣服说："我不穿，衣服的正面不是它原来的样子了。"妈妈纳闷："它怎么不是原来的样子了？"宝贝一本正经地说："因为它有魔法，它用魔法变成了现在的样子。"妈妈明白舟舟是在瞎说，但她并没有拆穿孩子："你看《巴拉拉小魔仙》里，小魔仙都有魔法，那你也用你的魔法把衣服变回来吧。""可我的魔法变不了。"舟舟很担忧地说。妈妈灵机一动，说："你看，你的衣服自己有魔法，我觉得它变得比以前更漂亮了，你觉得漂亮吗？""是，是变漂亮了。"舟舟歪着小脑袋，点点头。

（二）

雯雯有一回对妈妈说："妈妈，班里的小强也有一个芭比娃娃。""哟，男孩子也有芭比娃娃？"妈妈疑惑地问。雯雯说："对啊，你知道他的娃娃长什么样吗？""长什么样？""他的娃娃脸黑，但皮肤很光滑，嘴是红的。""哦，为什么嘴是红的？""因为它喝水的时候没注意，把嘴烫了。""那你的娃娃长什么样？""我的娃娃喝水注意了，她的嘴是白的，她皮肤白，腿也长。"后来，妈妈转念一想，原来自己以前对孩子说过"喝水要注意，烫着嘴了嘴巴就会变红"这样的话，还有邻居们也夸过孩子"皮肤白，腿长"。

心理学的秘密

三四岁孩子的认知正处于初级阶段，由于理解问题的经验化、表面化，往往会"吹牛"，说出一些不切实际的大话。例如，菲菲因为看到幼儿园的哥哥姐姐们表演的节目，回去就对妈妈说："我今天在学校表演节目了，老师给了我一朵小红花！"幼儿园里举行运动会，老师问："哪个小朋友跑得最快啊？"结果全班的孩子都踊跃地举起小手："我，老师我跑得最快！"

孩子的"大话"是他自信心的萌动。为了引起他人的注意时，幼儿常常会不自觉地吹牛、自我肯定，毫不掩饰地夸大自己的成就。有时候，老师只是说："吃饭挑食是不对的，注意改正，就是其他小朋友的榜样。"孩子听到"榜样"这个词，就会以为这是对自己的肯定，放学后高高兴兴地告诉妈妈："老师今天说我是其他小朋友的榜样！"这是由于思维经验化而产生的心理错觉。

3岁的孩子看到桌上有一个糖果盒，老师问他里面有什么。他说："糖果。"但是孩子打开盒子后发现里面是蜡笔。老师继续问："你觉得，其他没有打开过这个盒子的孩子们会认为这里面有什么？"他说："蜡笔。"3岁的孩子似乎缺乏一种意识，他并不认为其他的孩子也会跟他一样被糖果盒的外表迷惑，而且他会很自然地说他其实一开始就认为盒子里是蜡笔。这是幼儿的一种错误信念任务。

譬如测试者给孩子们讲述一个故事：

小红将一块橡皮放在了书桌的绿色抽屉里，然后离开了书房。测试者将橡皮移到了旁边的蓝色抽屉里然后离开。小红再回到书房找橡皮。

讲到这里，测试者问孩子们："小红会在哪个抽屉找橡皮呢？"

3岁以下的孩子往往会回答蓝色抽屉，而不是绿色抽屉。这说明3岁以下的孩子在信念的认知上是不成熟的，而这种对错误信念的不能识别可能是源于他们的自我中心思维，这个年龄的孩子不能理解自己的想法是错误的，他们认为所有人都应该知道他们所知道的、相信他们所相信的。而4岁的孩子就能够理解每个人都有自己的信念，不同的人对同一件事情会有不同的看法。等到孩子6岁的时候，就会意识到，看到或者听到同一件事情，两个人的解释可能完全不同。

儿童心理学研究发现，几乎所有的儿童都会说谎。不过，孩子说谎和大人很不同，他们的说谎很多与诚实无关。

孩子说谎一般有三个原因：

1. 模仿大人

每个孩子最初的谎言都是从这里来的。首先是模仿大人，虽然没有一个家长会故意教孩子说假话，但他们日常的行为却成了学前儿童学习的对象。心理学家曾对具有说谎行为的母亲进行测评，发现其中只有30%的母亲在儿童时期不说谎，60%曾多次说谎。可见，童年时期就说谎的母亲会将这一习惯带入今后的生活，并成为子女观察、模仿的榜样。

例如，妈妈为了让孩子乖乖写完作业，就答应给他买遥控飞机。结果几天后，妈妈就把这件事情抛到九霄云外，没有兑现自己的诺言。如果这样的情况重复多次，渐渐地，幼儿就不会再相信大人的话。他们会模仿大人的行为，为达到目的而说谎，因为在他看来，这是十分正常的。

还有一种情况，是家长出于成人社会里的某种掩饰需求，经常说些虚饰的话，虽说并无道德上的不妥，只是一种社会交往技巧，但如果被年龄尚小的孩子注意到，也会给孩子留下说假话的印象，教会他们"说谎"。

2. 迫于压力

造成孩子说谎的另一个原因就是"压力"，即家长比较严厉，对孩子的每一种过错都不轻易放过，都要批评指责，甚至打骂；或者是家长太强势，说一不二，不尊重孩子的想法，不体恤孩子的一些愿望。这些都会造成孩子的情绪经常性的紧张和不平衡，他们为了逃避处罚、达到愿望或取得平衡，就会说假话。

例如，当孩子发现家长喜欢听自己在幼儿园被老师表扬的消息，就会通过说谎或选择性地将幼儿园的情况向父母汇报，以获得他们的表扬和奖励。如果发现孩子有类似的表现，我们可以通过转移话题来对儿童的说谎行为进行消退。

3. 分不清想象与现实

三四岁的孩子感情逐渐丰富，语言表达能力和想象力也逐渐增强，但因为无法弄明白想象与现实之间的区别，所以常会把自己想象的说成是已经得到的，把希望发生的事通过想象变成现实存在。这是孩子不自觉的想象，是幼儿特有的思维特点，即经验化，容易把这件事说成那件事，把已经发生的事当做目前正在发生的事。

所以，雯雯就把现实、幻想和愿望混合在了一起，是无意识地"说谎"，这与道德品行无关，是由幼儿心理发展特点造成的。

著名儿童心理学家皮亚杰用一个典型的案例有力地证明了这一点：

小女孩曾经在一所村子旧教堂的塔尖上看见了许多悬挂着的钟，她问了她父亲很多关于教堂钟的问题。有一天，她在她父亲的书桌旁笔直地站立着，并发出巨大的"当当……"声。她父亲说："你知道吗？你这是在打扰我工作。"小女孩回答说："我是教堂的一个钟，所以，不要跟我说话。"

皮亚杰曾对儿童谎言的类型进行了三类划分：

第一类为"顽皮的话"，即"开玩笑、骂人"的话；

第二类为不符合事实的话；

第三类强调孩子说谎的意图性，是指没有目的或没有隐瞒相关信息的错误陈述。

为了研究儿童对"说谎"概念的理解，皮亚杰在实验中直接询问孩子"什么是说谎"。结果发现：10～11岁的儿童认为说谎是一种有意的行为；6～10岁的儿童没有将说谎的意图考虑进去，只认为违反事实的话是"谎话"；6岁以下的孩子则认为，"开玩笑、骂人"的话都是"谎言"。

调查发现，在研究人员搜集的700个儿童谎言里，16%与其夸张的想象、表达有关，67%是因为害怕被嘲笑和被惩罚，有意说谎的不到20%。可见，学前儿童不自觉的"说谎"行为，只是因为把自己想象的东西当作现实加以联想和描绘。如果遇到这种情况，家长和老师可以借此发挥孩子的想象力和语言表达能力，鼓励他们将自编的故事用游戏的形式表现出来。随着孩子年龄的增长和大脑发育的成熟，想象与现实分不清的情况自然就会消失。

儿童心理学家认为，善于幻想的孩子情感体验和想象能力更加丰富，他们往往在各种虚拟环境里学会人与人沟通的方式，对人类的情感有更深刻的体验。所以，再遇到孩子说类似的话时，父母不要简单地责骂，而应给予正确、合理的引导。因为这些话能使我们了解孩子内心的愿望，只要在正确引导的同时适时地给予鼓励，让他逐渐看到自己所说的与现实的差距，慢慢地，这些"大话"自然就会从孩子嘴里消失。

谷老师分享

家　长：我家孩子最近不知道怎么了，总说瞎话，一会儿跟我说老师今天给他喝啤酒了，一会儿说老师把不听话的小朋友关小黑屋，可是我到老师那儿一问，老师说压根没这回事儿。对于孩子这样的行为，我们该如何纠正呢？

谷老师：这个阶段的孩子说谎都是无意识的，他们的记忆靠的是联想和经验，经常会出现偶然记忆，让他记住的他没记住，不让他记住的反而记住了，这不是孩子不听话，而是属于现象和想象不分的情况。对于孩子这类无意识的"撒谎"行为，家长不必太紧张，也不用刻意纠正，随着孩子年龄的增大和大脑发育的成熟，这一现象就会消失。

家　长：前几天，我女儿把同桌的水彩笔放在自己的书包里带回家，我问她哪儿拿的，她说她没拿，是水彩笔自己跑进书包里的。年纪这么小就说瞎话，还面不改色心不跳，这可怎么得了？

谷老师：孩子很多时候撒谎是在表达自己的一种需求。例如他们喜欢好玩的玩具、好看的橡皮，就希望自己也能拥有，于是遇上喜欢的东西他们就会毫不犹豫地拿回家。对于这样的情况，我们可以在不伤害孩子自尊心的前提下予以及时纠正。

为什么老记不住

丁丁开始上幼儿园了，她非常喜欢那里，每次从幼儿园回来都显得无比兴奋。

星期一的早晨，妈妈又要送她去幼儿园了。丁丁穿着妈妈给她新买的蓬蓬裙，一路上蹦蹦跳跳的，就像一个活泼可爱的小公主。但是当她们走到幼儿园时，妈妈很奇怪，因为她发现丁丁所在的班上几乎每个小朋友都穿着运动服，于是妈妈就问丁丁说："丁丁，今天要穿运动服吗？你怎么没告诉妈妈这件事情呢？""可我不记得今天要穿运动服。"丁丁吞吞吐吐地回答。妈妈听了心里顿时觉得很担心："怎么小朋友都知道的事情就丁丁不知道呢？莫非丁丁在幼儿园不专心听老师说话？"

心理学的秘密

三四岁的孩子时间直觉还未建立完善，他们对于已发生的事情可能大概知道，对于明天将会发生的事情则完全没有概念。所以，当我们跟他说"你明天要做什么"时，孩子并不理解真正的意思，分不清抽象的时间概念。这是孩子在这个年龄段的正常现象。

儿童的早期记忆都属于形象记忆，就是根据具体的形象来记忆各种事物，例如，通过事物的形状、大小、颜色、声音、味道、软硬等外貌特征来记忆。在幼儿语言能力发育前，他只有形象记忆，即使语言能力发育后，形象记忆也将伴随孩子整个幼儿期。

比如老师在幼儿园讲一个故事，孩子可能只会记住其中自己感兴趣的部分，然后将这部分和其他故事混淆在一起，至于原本的故事是什么，他早已经分不清楚了。又比如妈妈问孩子，今天在幼儿园吃什么饭了？孩子回答说吃饺子，事实上他今天并没有吃饺子而是在几天前吃过，他喜欢吃，所以就觉得今天吃过。这是由于孩子现实与想象很难区分，以臆想来创造记忆而造成的。

为测查儿童对时间的判断，皮亚杰设计了一个简单而又精巧的实验。

他或慢或快地拍击着桌面，同时要求儿童根据节奏或慢或快地画15秒。他发现在此期间，儿童往往认为节奏快的时候画画的时间比节奏慢的时候耗费的要长。其实，这是受到了拍击次数的影响，他们认为拍击次数较多，花费的时间也就较多。

儿童慢慢长到童年中期时，对时间顺序的认识就出现了明显的飞跃，他们不但能理解时间的相对固定性而且知道了时间的相对可变性。比如，他们会明白"早晨"是处于一日中"第一"的，并且也会知道相对"昨天晚上"而言，"早晨"又在其后面了。

他们对时距的认识（时间估计），也有了较快的发展，在完成上述皮亚杰所设计的实验中，他们已不再认为迅速工作等于较多时间，把行动和所花的时间区分开来。

儿童心理学家研究发现，类似"孩子记不住老师的话"

这种行为，几乎每个孩子都出现过，只是部分孩子会表现得明显一些。

一般来说，婴儿一生下来就有注意，但是这种注意是不受孩子大脑控制的，是一种先天的定向反射，是无意注意的最初形态。

婴儿期注意的发展主要表现在注意选择性的发展上。

1～3个月的婴儿比较容易受到复杂的、不规则的图形的吸引，更喜欢曲线形状的、集中的或对称的刺激物。

对3～6个月的婴儿来说，他们的视觉注意能力会在原有基础上进一步提高，平均注意时间增长，在注意时更偏爱复杂而有意义的对象，看得见的和可操纵的物体更能引起他们特别的兴趣和持久的注意。

6～12个月的婴儿的注意对象和注意选择性在范围和内容上会更进一步扩展，他们的选择性注意越来越受知识和经验的影响与支配，受当前事物(或人)在其社会认知体系中的地位以及婴儿所知的自己与它们之间的关系的支配或影响。

1岁以后，由于语言的出现，婴儿的注意与语言紧密联系起来，成年人的语言提示或指导对婴儿的注意能够起到一定的制约和调节作用。

在幼儿时期，儿童的注意主要以无意注意为主，随着年龄的增长，儿童的有意注意逐渐发展起来。幼儿的有意注意也有一定的发展过程。

儿童三四岁时的有意注意还不是很稳定，还需要成年人有计划地向他们提出需要完成的任务的要求，帮助他们提高注意力。

当儿童到了五六岁的时候，就开始能够独立地组织和控制自己的注意力了，这标志着儿童的有意注意开始形成。但是，在幼儿时期，儿童的有意注意始终具有明显的不稳定性。

另外，除了儿童的有意注意和无意注意的逐渐发展，儿童注意的稳定性也随着年龄的增长逐步有所发展。科学家的实验研究证明：在良好的教育环境下，3岁幼儿能够集中注意力3～5分钟，4岁幼儿能够集中注意10分钟左右，5～6岁的幼儿能够集中注意15分钟左右。此外，由于游戏能引起幼儿极大的兴趣，所以现实生活中，处于游戏中的幼儿的注意时间会比在枯燥的实验室条件下要长。

能够引起孩子注意的范围也在不断地扩大。幼儿注意范围比较小，但是随年龄的增长，注意范围逐渐扩大。如幼儿园小班的儿童，一般只能注意到具有鲜明特征的事物外部特点以及一些动作，比如火车、轮船发出的汽笛声；中班的儿童能注意到事物的不明显部位，及事物之间的简单关系，比如火车、轮船的去向和忙碌的旅客，以及他们的表情之间存在的关系；大班儿童则开始对火车、轮船为什么能开动，船为什么在水上不会沉等内部状况或原因产生极大的兴趣。

谷老师分享

家　长： 我家孩子真让我着急，都4岁了，背诗还记不全，在幼儿园，老师前一天交代要带两种东西，他总是忘记一种。这可怎么办才好？

谷老师： 孩子这么大时是没有主动的有意识注意能力的，真正的有意注意，至少要在小学一年级以后，这也就是说，当你一遍一遍教孩子背诗时，他的注意力可能会被更有趣的事情分散。所以，在孩子学习的过程中，我们可以每隔10分钟让他休息一下，这比一直学的效果要好。另外，3～4岁的儿童尽管有了初步的时间观念，但他还不能理解"昨天、今天、明天"这些比较抽象的概念，因而对于老师交代的任务常常会犯迷糊，这是很正常的现象，随着年龄的增长就会逐渐消失。

难道学会了"偷"东西

（一）

琳琳4岁了，正在上幼儿园，在班里，她是个很听话的孩子，与小朋友相处得也很愉快，老师们都很喜欢她。

最近，琳琳的好朋友彤彤跟老师说自己丢了新买的橡皮，还丢了一个蝴蝶发卡。老师悄悄地问琳琳妈妈，看是不是琳琳拿了，因为老师也不敢肯定。妈妈怀着忐忑的心情打开琳琳的书包，果然发现了老师说的两样东西。她强忍心中的怒火，问孩子东西是从哪里来的，琳琳告诉妈妈，是自己表现好，老师奖励的。妈妈一听就火了："我问过老师，她从来没奖励过，是不是你偷了其他小朋友的东西？"一气之下，妈妈还打了琳琳。即便如此，孩子还是坚持东西是老师奖励的，她甚至为妈妈不理解自己而觉得委屈。

妈妈心里也很着急，如果孩子向自己提出买橡皮和发卡的要求，自己也一定会答应，为什么偏要从其他小朋友那里"偷"呢？

第二天，妈妈把情况反映给老师，老师没有特别吃惊，因为幼儿园经常会发生类似的事情。

（二）

豆豆妈又在女儿裤兜里发现了一只玩具小青蛙，她问孩子是哪儿来的，豆豆很干脆地说是幼儿园的。妈妈又问："那幼儿园老师知道你把小青蛙带回来吗？""不知道。""豆豆，幼儿园的东西是放在幼儿园的，家里的东西就放在家里，每样东西都有自己的家，它们每天都要回家，你今天把小青蛙带回我们家，它就回不了自己的家了。""那就住我家。""可是，你带小青蛙回家，幼儿园老师不知道啊，如果你的洋娃娃也被别人这样拿走了，你会伤心吗？""嗯。"豆豆点点头。"那我们明天把小青蛙送回去吧，如果以后想要把别人的玩具带回家，要先征求他的同意好吗？""好。"豆豆回答说。

心理学的秘密

孩子把幼儿园里或小朋友的玩具拿回家，遇到这样的情况，父母都会情不自禁地担心孩子有小偷小摸的倾向，事实上，这是情绪发育过程中的正常现象。孩子在幼儿园做游戏、玩玩具，到了放学的时间还想玩，就会把玩具放进口袋里或者书包里，想要带回家自己接着玩，根本没有意识到这是不是自己的玩具，也不知道这是不能带回家的，因为他们还没有建立物权归属的概念。

心理学大师皮亚杰认为，2～7岁的儿童思维正处于"前运算阶段"，即从表象思维向抽象思维过渡的阶段，具有片面性和我向思维，其著名的"守恒实验"就揭示了这一特点。实验中，皮亚杰给出两个容器，一个为倒置的梨型容器，装有水龙头开关，放在筒型玻璃容器上面，事先测定好，让梨形容器的水流入筒形容器中，分为五等分，分别在两个容器上面标注ABCDE。很显然，相等时间段内，梨形容器因为上下小，中间大，五个水平面之间的距离是不同的，筒型容器则保持一致。年幼的儿童认为间距大的水平面费时多。可见，幼儿还不能正确判断时距。

儿童这种从自己的立场看待问题，很难理解他人视角与观点的思维，被皮亚杰称为"自我中心"，即孩子们还无法知道，别人可以与自己有不同的思维方式。

因此，处在这一阶段的孩子，往往分不清什么是"你的""我的""他的"，他觉得只要是自己喜欢的东西，他就可以把它带走，年龄越小，这种现象就越普遍。因此，我们不能把孩子的"顺手牵羊"称之为"偷窃"。

但是，对孩子的这种行为听之任之也是不可取的。家长必须要让孩子知道，在没有得到许可的情况下，拿走别人的物品是绝对错误的行为。

这个阶段，孩子的这种行为大多是无意的，因为他们总是容易被新鲜的东西所吸引。在这里，琳琳"偷拿"小朋友的东西与成年人理解的"偷东西"是不同的，成年人的"偷"是有意识的活动，有很强的目的性，而孩子的"偷"则是由他这个年龄段的特点所引发的。

故事（一）中，老师告诉琳琳妈妈："琳琳在班里很听话，是个可爱的小女生，大家都很喜欢她，因为她觉得这样自己应该得到物质奖励，如果能得到，她希望能得到彤彤小朋友好看的橡皮和发卡，那是琳琳喜欢的，她就把想象当成了现实。孩子这样做是无意识的行为，所以才感到委屈。"

经过老师的解释，琳琳妈妈明白了。可如何向孩子道歉，成了让妈妈头疼的事情。妈妈首先肯定琳琳是个好孩子，然后告诉琳琳想买个礼物送给她，但不知道她想要什么。琳琳说出了她想得到的东西：橡皮和发卡。于是，妈妈给孩子买了两份同样的礼物，她问琳琳："另外一份是谁的啊？"琳琳说是彤彤的，妈妈高兴极了，带着孩子向彤彤道歉，并把新买的橡皮和发卡给了彤彤，告诉她是琳琳不小心把东西拿错了。这样一来，既保护了琳琳的自尊心，又使东西物归原主。

琳琳妈妈还告诉幼儿园老师，以前她给琳琳买了很多东西，就是因为怕孩子会拿别人的，没想到真的就发生了这样的事情。老师告诉琳琳妈妈，以后少一些物质的奖励，多一些语言上的夸奖、鼓励及肯定，多一些拥抱，让琳琳减少一点对物质的喜好，可能会更好。

帮助孩子养成不以自我为中心的习惯，需要注意以下几点。

在孩子的世界建立"所有权"观念。要让孩子清晰地知道，什么是别人的，什么是自己的。同时也要让孩子知道，在拿别人的东西之前，需要得到对方的同意。建立孩子的所有权观念，应该从小做起。在家里，应该有明确的"所有权"概念，这个东西是爸爸的，那个东西是妈妈的，这个东西是孩子的。

同时，我们还要学会尊重孩子的所有权。例如，当需要拿孩子的物品时，要先征得孩子的同意，归还时还要对孩子表示感谢；如果有小朋友想要借孩子的物品，要告诉他们这个东西是孩子的，让他们去征求孩子的意见……一旦孩子感到自己的所有权得到了尊重，那么，他在不知不觉中也就学会了尊重他人的所有权。

与孩子形成良好的依恋关系。一般而言，与父母具有良好依恋关系的孩子，自我中心的意识时间较短，同时，也能较早地学会关心和谦让他人。只有当孩子对妈妈很放心，才会放开她的手去追逐身边好奇的事物。而那些没有与母亲完成心理分离的孩子，会更加强烈地以自我为中心，看到什么都喜欢据为己有，以获得安全感。

不要对孩子过分保护。对孩子过分保护，凡事都围着孩子转，只会使他们的自我中心意识更加强烈，一旦没有人迎合自己的心意，他们的性格就会变得狂躁、偏激，此刻，再想让孩子学会关心他人、站在他人的立场看待问题为时已晚。

谷老师分享

家　长： 我家宝贝前段时间把幼儿园的一个小玩具放在衣服口袋里带回家，我当时疑惑"她是不是偷了谁的"，一问老师才知道是在幼儿园拿的。本来以为事情就这么过去了，结果孩子三番五次地把东西拿回家又把东西还回去，后来才知道，原来孩子每次把东西还回去，都能从老师那里得到一份奖励。

谷老师： 这个案例我们可以从内部动机和外部动机两个方面来解释。内部动机和外部动机特别容易转换，例如有的孩子爱读书，是因为他本来就喜欢书里的故事，有的孩子读书是因为妈妈告诉他，如果每天晚上能讲一个故事，他就能获得一块糖。在这里，前者的行为属于内部动机，后者由于与外部补偿联系起来，属于外部动机。孩子把幼儿园里的东西还回去是应该的，而不能被作为"奖励"被加以强化。

学会"骂人"了

（一）

第一次听到孩子冷不丁地说出："我打死你""你是猪"等骂人的话或者其他脏话时，大多数父母想必都是心头一震，大声斥责"你这是跟谁学来的？""谁教你的？"这些不好的话当然不会是孩子自己想出来的，而是受外部语言环境的影响，如动画片、大人的言语等，然后才模仿出来的。

孩子正处在学习语言的阶段，他们能敏锐地觉察出从大人的对话里各种词汇、语句的感情色彩，例如有人吵架，他或许听见有人激动地说了一句"笨蛋"，就感觉到这是不好的词，他觉得这个词很好玩，说得真过瘾，所以要拿过来用一用。

晓晓三岁了，一天，妈妈正在给她穿衣服，孩子突然来了一句："臭妈妈，你弄疼我了，笨蛋！"妈妈也是心头一惊，但脸上没有表现出来，好像什么也没听见似的对晓晓说："衣服穿好了，快去洗漱吧。"女儿发现没有让妈妈生气，很不甘心，嘴里还是不停地喊着："臭妈妈、坏妈妈……"妈妈假装没有听到，也让爸爸别搭理孩子，继续忙着准备早饭。最后，晓晓终于沉不住气了，她一边摇妈妈的胳膊，一边对妈妈说："妈妈，我在说'臭妈妈'。"妈妈依然一脸平静："是，妈妈听到了，宝贝，我们该吃早饭了，去吃饭吧。"于是，孩子就结束了这个无趣的游戏。

（二）

大宝4岁了，十分活泼，很受邻居们的喜欢。但他有一个毛病却让妈妈犯了难，就是老爱骂人。妈妈跟老师反映，孩子平时在家对爸爸好的时候，就会撒娇说："爸爸、爸爸，你给我做饭吧。"爸爸惹他生气时，孩子就会对爸爸大喊："笨蛋！坏蛋！"姥爷在一旁听到，不但不纠正孩子，反而乐个不停。老师问家长，是不是大人总当着孩子的面说出这样的话，大宝妈妈说，可能是平时和孩子爸吵架时会脱口而出"笨蛋""坏蛋"这几个词。当大人的态度影响到孩子，孩子就会从情绪中感知到其中训斥的含义，然后很快学会。这就是语言环境的重要性，我们看似不经意的一句话，往往会对孩子造成很大影响。

心理学的秘密

在孩子2岁半左右的时候，自我意识开始萌芽。这时候，他忽然惊奇地发现，语言是一种神奇的力量：语言能让人发脾气，能让人伤心落泪……正是因为这个原因，孩子开始快乐地试验语言的力量。其中骂人、说脏话也是他们体验语言力量的一种方式。

据研究，当孩子到4岁左右的时候，其神经系统已经差不多完成了95%的发育，3岁的孩子能够掌握800～1000的词汇量，4岁的孩子可以掌握1600～2000的词汇量，到了5岁的时候其词汇量差不多有2200～3000。可见，孩子在4～5岁这个阶段是积累词汇量最佳的时期。可以说，4岁应该是孩子语言发展的里程碑，他们开始掌握越来越多的词汇量，口语表达的能力也越来越强。再加上，孩子们所接触的人和事逐渐增多，所处的语言环境也就越复杂。3~4岁年龄阶段的孩子已经进入到语言发展的关键期，能力稍微强一点的孩子可以讲较复杂的句子了，大脑中的抽象思维也已经开始萌芽，能够凭自己的经验去评价事情的好坏对错，在认识活动上，正从无意注意、无意记忆和无意想象向有意方向发展。

他们能够在无意间听到并记住大人或者伙伴们所说的脏话，再在类似的场景下无意地说出来。

有的孩子骂人、说脏话，是由于受到了父母的影响，家长平时就是这样与孩子交流的，难怪孩子也会这样与他人互动。所以，当发现孩子说脏话时，我们应该平时多注意自己的言行举止，净化孩子的语言环境。同时，也可以简单地给他讲道理："骂人的孩子不是好孩子，爸爸妈妈不喜欢，其他小朋友也不愿意跟你玩。"我们只告诉孩子他该做什么，不说他不该做什么，只说正确的事，对要求他做的部分进行强化，这个东西才能得到巩固。

孩子听到别人说的话以后会跟着学，这就是学习语言的过程。骂人、说脏话也是一样的，孩子并不知道自己所说的话的意思，他们只是在重复自己刚刚学到的语言。另外，当孩子学会骂人说脏话的时候，这意味着他的社会关系正在逐渐扩大，已经超越了单纯的家人范围。家长们不必为了孩子骂人说脏话而过分担心，认为孩子有什么问题，要认识并接受孩子的这种成长过程。但是这并不是说家长可以允许孩子用脏话来表达想法，当孩子骂人、说脏话的时候，家长要告诉他如何让正确的表达自己的情绪。

由于家长对这些骂人的话和脏话非常敏感，当孩子使用这些语言时，家长或者会强行制止孩子，或者会对孩子大发雷霆。家长的这种表现反而让孩子更加深刻地感受到了语言的力量，体会到了语言所带来的快乐，所以他们就更加喜欢使用这些语言。

那么，对于孩子骂人、说脏话的问题，家长应该如何科学地对待呢？

孩子第一次说脏话的时候，大部分情况不是为了表达生气的情绪，而是淘气。他只是发现语言具有力量之后，一边试验语言的力量，一边与身边的人玩"激怒你"的游戏。但是如果家长对孩子的游戏不做反应，当孩子发现自己说脏话不能引起你的兴趣，他说脏字的兴趣也会渐渐减退。可一旦大人反应过激，孩子就会得到一个信息，"没见过爸爸妈妈这个样子"，他觉得很好玩，以后就会频繁地拿这个来刺激你。

对待2～6岁这一年龄段孩子的骂人行为，家长没有必要对孩子发怒或者急于纠正孩子的行为，而是应该对孩子的这些语言不做任何反应。但是如果孩子长大后并且已经明白骂人的目的之后还出现这种情况的话，家长就应该用非常严肃的语气指出孩子这样做是不对的，并且让他改正。

谷老师分享

家　长： 我儿子今年4岁，一直很懂事，但最近我发现他在跟别人说话的时候，嘴里时不时蹦出几句脏话，什么"你是猪啊！""妈的，滚蛋"之类的，让我既尴尬又担心。

谷老师： 为了避免孩子的"语言暴力"愈演愈烈，我们可以从自身做起，让全家人平时多注意自己的言行举止，同时，在电视节目或动画片的筛选上，也要格外注意，尽量不让孩子接触到比较娱乐化的节目。此外，我们还可以试着引导孩子在发脾气时用"我不高兴""我不喜欢"等句子表达情绪。

什么时候才能好好吃饭

一位经验丰富的幼儿教育专家，讲述了一个关于孩子偏食的故事。

从前，在美丽的湖边住着快乐的一家人，爸爸妈妈有三个可爱的小宝贝，丫丫是姐姐，妹妹叫妞妞，最小的弟弟叫东东。每天，妈妈都会给孩子们准备丰盛的饭菜，可是，妞妞喜欢吃蔬菜和红红的苹果，不爱吃肉；东东是男孩儿，对肉类偏爱有加；唯独丫丫，每样菜都会吃一点。

当爸爸妈妈问孩子们为什么会这样选择时，东东说："我不爱吃蔬菜，没有肉好吃。"妞妞也积极发言："我不要像东东一样吃肉，真难嚼，鱼肉里还有鱼刺。"听了孩子们的话，爸爸告诉姐姐和东东，吃蔬菜能长高，吃肉能变结实，可是，这番话还是说服不了两个小宝贝，他们依旧嘟着嘴。

于是，妈妈以姐姐丫丫为榜样，对弟弟、妹妹说："你们看，丫丫从来不挑食，所以身体很健康。东东如果光吃蔬菜，就会没有力气，长大以后就不像个男子汉；妞妞只吃水果和蔬菜，所以皮肤不像丫丫一样白里透红。"

心理学的秘密

孩子不好好吃饭对很多家长来说是一个很头疼的问题。孩子边玩边吃，扒几口饭就跑出去玩，每次吃饭得追着孩子喂几个小时……针对类似状况，父母往往不知所措。

先从吃饭磨蹭的问题上来看，孩子吃几口饭抬头看一会儿电视，吃几口又摆弄一下身边的玩具，事实上，这些行为正是受大人的影响。大人吃饭时如果关掉电视，不玩手机，不端着碗四处走，那么孩子也会这样做。

三四岁年龄段的孩子挑食是十分普遍的现象，此时，他们的味蕾发生变化，胃口减弱，对自己经常吃的食物会比较偏爱，本能地警惕没吃过的食物。据美国儿科学会调查发现，大部分孩子挑食的毛病会随着年龄的增长而逐渐改掉，不会对幼儿以后的成长造成不利影响。

为减少孩子的挑食行为，我们可以参考下面的方法。

1. 发挥榜样的作用，不仅仅停留于口头说教

美国心理学家艾伯特·班杜拉曾做过一个经典实验，其目的是为了比较榜样行为和口头劝说哪一种行为对儿童的影响更大。实验中，儿童先进行了一种滚球游戏，并根据相应表现获得现金兑换券。接着，班杜拉将儿童分成四组，每一组都会有实验人员装扮成游戏参与者，即成为那一组的榜样。

第一组中，榜样只是口头告诉孩子，让其捐出手里的兑换券，却没有真的这样做；

第二组中，榜样告诉儿童应该要为自己考虑，结果却又把兑换券捐了出去；

第三组里的榜样是一个热心肠的人，他对孩子们宣扬的思想是人应该为他人着想，并带头将所有的兑换券都捐了出来；

第四组的榜样是个自私自利的人，他对儿童宣扬人要学会利己，并且也不带头捐出兑换券。

实验结果表明，第二组和第三组捐出兑换券的人数明显多于一、四两组。可见，对儿童行为影响更大的不是口头语言，而是实际行动，它的力量远远大于说教。

根据班杜拉的理论，个体能通过观察来学习榜样的行为模式，这就是榜样的力量。首先，榜样的情绪会影响到学习者，比如，当某个孩子打针时大哭，脸上表现出痛苦的表情就会让其他孩子也体会到这种负面情绪；再者，儿童的许多技能也能通过榜样获得，如音乐课、舞蹈课时，表现优秀的小朋友会被老师安排做示范，它突出了榜样的示范作用；最后，榜样能使我们不良的行为习惯得到抑制，好的行为习惯得到巩固，例如刚上幼儿园的宝宝，他会通过观察其他小朋友的言行自然而然地做出相应的行为，上完厕所要排队、吃饭前要洗手等。

2. 做孩子爱吃的食物，并在过程中不断尝试烹饪一种新鲜事物

据研究表明，7～15天为小朋友做他们不喜欢的食物，尤其是蔬菜，能减少孩子对这类食物的抗拒，并开始尝试接受。所以，家长不要轻易因为孩子一句"好难吃，我不喜欢

吃"就放弃坚持。与宝宝平时喜欢的食物搭配在一起，孩子的兴趣也会更大。

3. 孩子可以一边玩一边学做饭

孩子都喜欢吃自己亲手制作出来的食物，家长可以购买孩子专用的工具，教他们将一些简易的食物做成有趣的形状、图案。吃饭时，问孩子"你喜欢这个颜色吗"或者"这个形状有趣吗"比"这个味道好吃吗"更会吸引孩子的注意。

此外，家长尽量不要在饭前让孩子吃零食如快餐、饼干、奶制品等，这些食物容易饱，到正常饭点，宝宝就没什么胃口吃饭了。

许多家长会在家里准备很多零食，饼干、薯片、话梅等，就是为了怕孩子有一顿没一顿的吃不饱。其实，孩子都很聪明，饿了他自然会找东西吃，但如果我们用零食代替主食，那么，他吃饱了零食自然就不会好好吃饭。吃饭时，我们可以给孩子规定一个时间，一顿饭不能超过半个小时，饭点一到就收碗，无论孩子吃没吃饱。

当然，家长也不必为了孩子的吃饭问题过度焦虑，这么大的孩子咀嚼肌肉还不够发达，牙齿也正处于发育阶段，所以用筷子比较费劲，嚼饭嚼得慢。对于这个问题，家长可以尽量把饭菜做得精细一点，否则，孩子也会因能力达不到而不好好吃饭。

谷老师分享

家　长： 我家孩子4岁了，从来不吃青菜和萝卜，孩子爸爸也不爱吃，所以每次做饭我都尽量回避这两种菜，可又担心孩子这样挑食会影响他以后的生长发育，怎么办才好？

谷老师： 父母的饮食习惯会潜移默化地影响孩子，如果家长不爱吃某种菜，或者对某种菜评价不高，吃饭时总在孩子面前说"这个菜不好吃"，久而久之，孩子也会对这道菜"敬而远之"。我儿子小的时候，我就经常告诉他"青菜可是好东西，吃了能长结实"。孩子有时候吃，有时候也不吃，我也不勉强，我们要理解、尊重孩子，要去引导孩子，但不勉强。

一边玩，一边跟自己说话

每天从幼儿园回到家，晶晶就喜欢把家里的玩具翻出了，一边捣鼓一边自己跟自己说话，比如"我出去买菜啦""你好好做饭""亮亮妈，你等一等，我们一起去""来不及了！来不及了！宝贝再见，乖，要听话"……时而与这个角色对话，时而又与另一个角色对话，好像那些玩具都是她的小伙伴似的。

有一天，幼儿园老师布置了一个任务，让每个孩子给班里的另一个小朋友写封信，晶晶写了一封信给洋洋，她是这样写的："我叫洋洋，晶晶是我的好朋友。"

心理学的秘密

游戏占据了孩子的生活中的很大一部分。游戏是孩子最基本的活动，它是想象和现实生活的独特结合，是人的社会活动的初级形式，但是游戏并不是孩子的本能活动。孩子的动作和语言能力发展后，渴望参加社会实践活动但是又缺乏相关经验和能力水平，在这种情况下，游戏就成了孩子参加社会实践的一种方式，是孩子的一种社会性需要。

无论是独自游戏时一个人扮演多种角色，互相对话，还是孩子用对方的口吻给自己写信，其实都是正常的心理现象，是他与假想伙伴之间的说话游戏。3岁前，宝宝的语言都是通过外界环境学习的，3岁以后，他们逐渐形成了内部语言，自言自语就是由外部语言向内部语言的一种转化。

这种创造性的说话游戏不但能发挥孩子的想象力，还能帮助孩子稳定情绪，驱走孤独感。对话中的语言可能是他从父母那里学到的，也可能来自他看过的动画片或者听过的故事，是一种语言经验的创造。孩子喜欢自言自语，恰恰说明他具有丰富的想象力，喜欢动脑筋。

晶晶为什么说自己是洋洋，还说晶晶是"她"的好朋友？事实上，这是孩子内心的一个期待，因为她已经把洋洋当作自己的好朋友，并且也希望自己能成为对方的好朋友，所以才会这样表达。

了解到这些情况后，晶晶妈妈开始注意在孩子自言自语时，从旁引导她。陪孩子玩玩具时，妈妈会时不时地问晶晶，"为什么要这样摆呢？""接下来我们该怎么做？"对于孩子的疑惑和不解，妈妈也会及时地给予解答和启发，以便随时教给他一些常识，丰富孩子的语言。

4岁的小娜一个人在房间里画画，画完的时候她大声说道："我得把画放到什么地方晾干呢？我就把它放在窗户旁边吧。我希望它可以现在就干，因为我还要画更多的画。"

自言自语这种现象在儿童中很是普遍，不是为了和他人进行交流，而是与自己进行对话。2～3岁的时候，儿童喜欢模仿别人，重复别人的话语；4岁的时候，儿童20%的话语是自言自语的，他们通过自言自语来表达自己的情绪和幻想。年龄更大一点的时候，儿童会用几乎听不到的声音嘟囔，也就是"出声思维"。

维果斯基认为自言自语是儿童自我谈话与交流的一种特殊表现形式，不是自我中心的表现。这在用词思维这种内部语言向以成人命令式体验的社会语言的过渡中起到非常重要的作用。他认为，自言自语在儿童学前期开始增加，到了小学早期，随着儿童能更好地引导和掌控自己的行动开始下降，这是所谓的"钟形"发展曲线。

孩子的游戏内容通常来自周围的现实生活，例如"过家家""开汽车"等，都是现实生活的反映，都是以孩子在社会中经历过的事物为素材的。同时，孩子的游戏不是原原本本地照搬生活，而是孩子根据自己对生活的理解，并且加入了自己对生活的愿望，将内容进行重新组合后的创造性活动。

游戏在孩子社会能力的发展中起着十分重要的作用，孩子可以在游戏中按照自己的意愿去扮演任何角色，并从中体会到各种思想和情感。孩子还可以通过游戏学会如何在集体里发挥自己的作用，如何与别的孩子合作得更好。另外，游戏在发展孩子的自我控制、活动方式以及改造孩子的问题行为方面也起着重要作用。

如果想让孩子有更多的情感体验，父母应该抽出更多的时间来陪孩子一起玩游戏，可以在家中设置一些特殊的"游戏角落"。孩子的玩具不需要多么精巧、多么高科技，家里的很多东西都可以"变废为宝"，大纸箱、旧布、坏掉的门把手等都可以变成孩子的宝贝。纸箱可以变成郊外的小房子；旧布变成云彩或者巫婆的斗篷；门把手可以变喇叭、做假鼻子……在游戏的过程中，不但孩子的动手能力可以得到提高，他对感情的理解也会更加深刻丰富。

谷老师分享

家　长： 我家宝贝最近特别爱在家里玩玩具，因为玩得很专心，好几次我叫他都听不见。有时我想让他到外面和小朋友们一起玩，但他好像更迷恋玩具，边玩还边编故事，我仔细听过他讲的故事，内容还挺有趣，但我担心这样会不会影响孩子的人际交往？

谷老师： 孩子能发挥想象力，编出有趣的故事，这很棒。对孩子来说，他们的玩乐没有大人那么强的目的性，他们关注的只是玩的过程，能够体验快乐的情绪对他们来说已经足够了。在游戏中，玩具是孩子幻想中的玩伴，无生命的玩具和真实的小朋友对他们而言是没有区别的。我们经常看到孩子一边自言自语，一边摆放玩具，或者指挥打仗，或者和小动物对话，其实，他们不是单纯地在玩，而是在"演练"如何与人交往。所以，在家玩玩具和外出找小伙伴玩，这两者不是对立的关系，无论孩子选择哪种游戏方式，家长都应该支持。

我家孩子有点"独"

（一）

幼儿园早餐时间结束后，其他小朋友都从座位上站起来准备排队洗手，但晨晨却还赖在座位上不愿起身，非要老师再给自己添一个肉卷才肯罢休。因为晨晨的体重有点超重，并且有挑食、偏食的现象，所以老师没有答应再给他，为的是孩子在午饭时间能好好吃饭。老师对晨晨说："中午还有好吃呢，再吃就撑爆肚子了！"就这样，经过老师的多次劝说，晨晨才不情愿地起身，慢吞吞地从活动室走到水房。

一路上，他一会儿冲小朋友们做鬼脸、吐舌头，一会儿又冲游戏中的小朋友吐口水或是从背后拍拍人家并"嘿嘿"地

103

笑。老师多次告诉他动作要快，不能向其他小朋友吐口水，但晨晨却不以为然，嬉皮笑脸地边玩边擦嘴。

由于过了选择活动区域的时间，小朋友都在自己选的活动区里玩游戏，唯独"图书区"还有剩余的位子。可晨晨不管这些，他拿了进区卡就直奔自己喜欢的"美发区"去，见位子满了，他就把别的小朋友的挂牌摘下来换成自己的。其他小朋友告诉他，这个区已经满了，可晨晨却更加不服："我就要玩！我就要玩！我把他的挂牌换成了我的！"就这样赖在自己喜欢的区域不肯走。

（二）

周末，妈妈带着小烨在小区里荡秋千，这是孩子最喜欢的玩具，一坐上去就不会轻易下来，即使玩累了也不肯让给其他小朋友。一天，一个与小烨差不多大的孩子拖着摇摇车走到秋千旁，他盯着秋千看了半天，也不见小烨有下来的意思。

小烨妈妈并没有强迫孩子把秋千让给小弟弟，而是问孩子："宝宝你看，小弟弟多可爱啊，他也想玩秋千，你玩了这么长时间，可不可以换小弟弟玩一下？"小烨还是两手拽着秋千的链条不为所动，"这样吧，你看小弟弟有摇摇车，你问问他能不能和你交换，互相轮流玩？"听见能玩摇摇车，小烨立马挺住正在摇晃的秋千，跳下来走到小弟弟身边："你去玩吧，我可以玩你的摇摇车吗？"

心理学的秘密

3～4岁的孩子开始进入自我意识的敏感期，最明显的表现就是变得"自私"，什么都说"这是我的""我要玩"，不懂得去考虑别人的感受，好的都想据为己有。如果家长不给予及时引导，长此以往，孩子就会对"独占"习以为常，认为凡事都得听他的，一有不顺心的地方就发脾气，大吵大闹。

皮亚杰"自我中心"理论认为："'自我中心'指儿童不能区别一个人自己的观点和别人的观点，不能区别一个人自己的活动和对象的变化，把一切都看作与他自己有关，是他的一部分。"照皮亚杰看来，在理解儿童的自我中心这种现象时，要注意以下几个问题，以免对"自我中心"的概念产生误解。

首先，"自我中心"不是指一个人有意识地集中注意他自己而没有一种"会合"感。

所谓"会合"感是指儿童把自己的内在性质投射到事物上去，把事物人格化，把自己主体与事物混合为一体了。皮亚杰认为，"如果我们是从这个一般接受的意义去使用'自我中心'状态一词，那么我们就使这个词具有矛盾的意义了。但是如果我们使用这个词来描述某种纯属认识方面的东西，是指在获取知识的过程中主体与客体混为一体，这时主体不认识他自己而当他转向客体他便不能不以他自己为中心的这种情况，那么自我中心状态和会合感就不是相反了，它们时常构成同样的一种现象。"

其次，"自我中心"并未含有自私或自高自大的意思，自我中心，"并不是说，儿童的自我有所扩张"。

虽然3岁儿童的自我中心的程度低于新生儿，但这一时期的儿童仍然认为宇宙的中心是他们。自我中心可以解释为什么有时年幼儿童不能区别自己头脑中的东西和真实世界，也可以解释为什么他们经常混淆因果关系。例如，认为是自己的"坏"想法导致妹妹生病或父母离异，这就是一种自我中心主义的思维。

　　为了研究自我中心主义，皮亚杰设计了"三山任务"。儿童面向桌子坐着，桌子上放着"三座大山"，把一个玩偶放在桌子对面的椅子上，实验者问儿童，玩偶看到的"大山"是什么样的？皮亚杰发现，年幼儿童不能正确回答该问题，他们通常从自己的视角来描述大山。皮亚杰认为这就是前运算阶段的儿童不能从不同角度考虑问题的证据。

　　但是，其他的实验者采用简单的实验任务却得出了不同的结论。儿童坐在一个正方形木板前面，该正方形木板被"墙"分成四个部分：一个玩具警察站在木板的边缘，一个玩偶从一部分移到另一部分，每次移动后，就问儿童"警察能看到玩偶吗？"然后，另一个玩具警察放在木板的另一个位置，请儿童把玩偶藏起来不让两个玩具警察相互发现。30名3岁半和5岁儿童在10次实验中能答对9次。为什么这些儿童在警察任务中能考虑其他人的观点而在"三山任务"中却不能？或许是因为警察任务对儿童来说更熟悉、更具体。大部分儿童对"三山任务"不熟悉，因此不能考虑其他人的观点，而大部分儿童对玩偶和警察捉迷藏游戏比较熟悉。因此，年幼儿童可能只是对超出他们即时经验的情境表现出自我中心主义。

皮亚杰还举过一个例子。一天，两个男孩给他们的妈妈买生日礼物。7岁男孩选了一串精美的珠宝项链，3岁半的男孩则选择了一辆小汽车，他将礼物小心地包起来，并且希望妈妈能够喜欢。这个小男孩的行为是"自我中心"的，但并不是自私或贪心，他只是没有考虑到他妈妈的兴趣与他自己的兴趣是不一样的，这与自私绝不能等同。当然，自我中心与"秘而不宣"绝不能混为一谈。

孩子进入自我意识的敏感期之后，大多数家长除了觉得孩子不像以前那样听话之外，还有一个非常大的感受，那就是觉得孩子变得自私了。于是，很多家长便以"团结友爱"的理由，强迫孩子将自己的东西与别的孩子"分享"，岂不知，家长这样做会令孩子内心中的自我越来越弱小。

当孩子处于自我意识的敏感期时，孩子有权分享自己的物品，也有权不分享。此时，孩子最需要的就是自由和家长的尊重。家长要给孩子足够的权力让孩子自己做决定，这样，孩子内心的那个"自我"才会强大起来，孩子的自我意识以及性格、人格等才能得到健全地发展。

那些没有与父母形成良好依恋关系的孩子，在心理上的独立会迟缓一些，学习谦让和关心别人的过程也会很困难。如果孩子无论做什么父母都认为不行并阻止他，或者对于孩子努力的成果不给予肯定反而冲孩子发火，孩子就会感到被父母嫌弃，"这世界上除了我自己之外没人疼我"。这种以自我为中心的想法会更加强烈，这样的孩子为了保护自己的东西，就会不停地说"都是我的！"

父母对孩子过分照顾也是不可取的。被过分照顾的孩子在儿童乐园、幼儿园等地方参加社交活动时会感到很难适应，因为孩子以为别人都会迎合自己的心意，但实际上并非如此。对于这样的孩子来说，那时候再让他去谦让和关心别人就更不可能了。不要替孩子要回被抢走的玩具。比如，孩子们玩沙子的时候，为了抢铲子而发生冲突，就让一个孩子用铲子铲沙，另一个孩子用碗装沙。这样的话，孩子们能够体会到与人分享的快乐。如果到了某一阶段。孩子可以做到不和小朋友争抢玩具，而是一起玩，就意味着孩子的自我中心意识已经在减弱，而社会性在慢慢增强。

父母和孩子玩玩具一般都以孩子为中心，其实父母有时候可以跟孩子说自己也想玩他喜欢的玩具。例如，对孩子所:"今天妈妈先挑玩具吧!"并且,在游戏过程中,当孩子让妈妈给换个玩具时也不要立即更换,而要让他等一会儿。通过这样的过程,孩子可以学会谦让和等待。

谷老师分享

家　长: 我家孩子快4岁了,可还是不懂得分享,每次家里来小朋友了,他什么都不让人家碰。前段时间孩子爸爸出差带回来一套变形金刚的玩具,他别提多喜欢了,但只能自己玩,我们都不让碰。这算不算自私的表现?

谷老师: 孩子有自己特别喜欢、在意的东西,并且还懂得珍惜,这是一件好事。如果真的对什么都不感兴趣,那就麻烦了。孩子只有在明白"所有权"的概念后,才能发自内心地乐意与别人分享,我们不能从旁暗示和劝说,更不能强迫。如果孩子有他特别珍惜的东西,我们就尊重他,并帮助他保管好。

这么大了还尿裤子

9月，我带着孩子初到幼儿园报到，看着小家伙四处张望的模样，我对老师说："我真担心她坐不住。"

与好多刚送幼儿园的孩子家长一样，当初我也担心宝贝会因为去幼儿园而闹脾气，所以我提前一年就跟孩子说："小朋友想变成聪明的孩子，是要上学的，从幼儿园开始，后面还有小学、中学、大学，都在不断地学习新知识。在幼儿园，你还能认识很多和你一样大的朋友，可以跟他们一起玩、一起学习、一起分享。"她听了以后高兴极了，说："好啊，我要去幼儿园！"

原以为孩子有了思想准备，能很好地接受分离。因为无论是生病吃药，还是去医院打针，她都在明确缘由以后坦然地配合。送孩子去幼儿园的第一个月，她都是高高兴兴地去、得意洋洋地回，回家还高兴地说自己每天都学会了什么。

但是，到了10月底，孩子突然说自己不愿意去幼儿园了。早上开始哭闹，而且中午在幼儿园午睡的时候，竟然清醒着尿床了。很快，我就从老师那里得到了反馈。原来，与孩子同班的几个小朋友午睡时间不按时睡觉，还假借去卫生间的理由在楼道里来回跑，老师由于担心孩子们穿睡衣在楼道里跑动会着凉，所以批评了一下。结果，宝贝因为睡不着，又真的想去卫生间，但是害怕老师批评，就默默地在床上尿了。

心理学的秘密

通常，学龄前儿童在睡眠中能够意识到膀胱的饱满感，并且会起床上厕所。但是尿床的儿童对于膀胱的饱满感是没有意识的。在这些尿床的儿童中，只有不足1%的儿童是有生理缺陷的，当然，不排除他们的膀胱容量也可能比较小。很大一部分尿床儿童并不是出现了情感、心理或者行为问题，但是同伴或者家长对待其尿床的方式会引发这些问题的出现。

遗尿这种现象也会在家庭成员间流行。据调查，75%的尿床者都有一个关系密切的尿床的亲人，如果是双胞胎，同卵比异卵更可能都尿床。与遗尿相关的基因研究发现，基因不能解释偶尔的尿床。许多尿床儿童缺少可以在睡眠中浓缩尿液的抗利尿激素，因此他们会产生更多的膀胱不能容纳的尿液。

对于尿床，儿童和家长首先都需要消除疑虑，要认识到这是一种很常见的现象。不要去责怪孩子，更不应该惩罚孩子。这个时候，家长其实可以不做任何事情，除非尿床这件事情已经给孩子造成极大的困扰和痛苦了。如果孩子8~10岁还尿床，这就可能是自我概念差或者其他心理问题的征兆。

这样的情况，该如何对待。我们可以先看看孩子羞耻感形成的过程：3岁的孩子开始在意他人对自己的评价，一旦做错事被别人批评就会表现出脸红、躲避等行为，这是孩子通过表情表露出的羞愧感。5岁时，孩子面对羞愧不再躲藏，而是将痛苦的情感体验内化，出现自责、自遣之心。

在下列情况下，孩子的羞耻心会有外向反应：

（1）因说错话、做错事而受到批评和处分时；

（2）想要加入某一团体而未通过时；

（3）没有因为表现好而得到小红花时。

孩子因做错事而感到羞愧、惧怕所产生的羞耻心是心理发展过程中良好的情感表现，父母要细心体察孩子敏感的心性，引导孩子向上进的一面发展。

前面提到的故事中的妈妈是这么做的：回家后，我问孩子为什么尿床，她害怕我批评她，不敢吱声，干脆拒绝上幼儿园了。老实说，我当时心里很着急，虽然在我眼里这并不是什么大事，但我知道，粗暴地处理方式只会挫伤孩子的自尊心，让她越发感到紧张、害怕。慢慢调整自己的心态后，我采用了三步计划。

第一步，我站在孩子的角度来看待这个问题，有的孩子格外敏感、自尊心强，怕自己上厕所会给老师带来麻烦，或者怕老师批评自己，所以尽量憋住，实在忍不住就尿在了裤子上。

第二步，在老师的建议下，周末在家的时候我也坚持让孩子午睡，养成与幼儿园同步的好习惯，同时与老师口径一致，告诉宝贝："每个人都会大小便，就像每个人都要呼吸空气、吃饭、喝水一样，是很正常的，想要上卫生间就举手告诉老师，即使尿在床上、裤子上也不丢人，如果实在睡不着，安静地躺在床上就好。"

第三步，在接下来的一段时间里，我和老师多多沟通，慢慢缓解孩子对于"尿床"这件事的紧张情绪，让宝贝重新爱上幼儿园。

谷老师分享

家　长： 我家宝贝今年刚满3岁，因为不愿意坐小马桶，所以一直还用着尿不湿，每次拉臭臭必须得拉在尿不湿里。上周六，孩子和奶奶出去玩，奶奶没带尿不湿，结果，宝贝憋不住就直接拉在裤子里了，因为爱面子一直都不说，直到晚上我们才发现。现在可好，孩子以前要拉臭臭还会带尿不湿，现在直接不跟我们说了。这是怎么了？

谷老师： 对于敏感的、自尊的孩子来说，他们会担心别人因厌恶自己的大便臭而不喜欢，这是孩子的羞耻心的一种表现。孩子在两岁半"自我"建立之后，羞耻心会表现得特别明显。其实，对成年人来说，尿裤子就是一件丢人的事，只是我们可以想很多办法去回避、解决，但孩子由于不知道如何处理，就会将这种负面情绪转化成内心的愧疚和自责。

动不动就告状

小雨是个性格活泼的孩子，开朗的性格使她与许多孩子成了好朋友。但妈妈发现，孩子不知从换什么时候起突然变得爱告状了，活脱脱一个"小监工"的模样。看到静静坐在地上，小雨就会赶紧跑到静静爷爷身边："爷爷，静静坐地上了，您过去看看吧。"看见小强推了佳慧一把，小雨会走过去对小强奶奶说："奶奶，小强推佳慧了，您去说说他。"

后来，小雨的奶奶生病住在小雨家，因为行动不便，小雨的爸爸妈妈就督促奶奶少起身走动。慢慢地，小雨也承担起监督奶奶的工作。一看到奶奶有异常，她会立马叫爷爷。最初，小雨的父母觉得孩子责任心很强，就表扬她，以此作为鼓励，没想到的是，这居然使孩子养成了监督别人的习惯。

在幼儿园，小雨结识了很多新朋友，能很快地融入集体，爸爸妈妈都为孩子感到高兴。但是，从入学的第二个月开始，老师就向家长反映："小雨特别关注其他小朋友。"一开始，小雨的父母以为孩子只是好奇心太强，可随着反馈越来越多，妈妈开始担心了，家里的"小可爱"怎么就成了"小告密者"？

于是，妈妈决定和幼儿园老师一起，帮小雨改掉爱告状的毛病。奶奶病好后搬回自己家了，小雨的"监工"工作失业了；幼儿园里，若再听见小雨告状，"老师，她都玩那么长时间了还不让我玩！""老师，睿睿不吃青菜"……老师就会引导小雨，让她自己试着解决问题，比如"那你跟这个小朋友商量一下，问问她什么候可以玩完，或者你先选一样别的玩具"，或者分散小雨的注意力，肯定被告状的小朋友值得学习的地方："睿睿小朋友吃饭还是很棒的，虽然没吃青菜，但还是把一碗饭都吃光了，这点值得表扬，希望下次睿睿能把青菜吃掉，争取比这一次有进步，我们一起鼓励他好不好？"小雨的注意力被老师的话转移开了，就对告状这件事情不再感兴趣了。

渐渐地，"小告密者"没了市场，小雨便也不再过度关注其他小朋友了。

心理学的秘密

我们先来看一个儿童心理学故事：

海因茨的妻子得了一种病，奄奄一息，只有一种药可以救她，那就是——镭剂。这种药造价本来就昂贵，其药剂师还以10倍于成本的价格出售。海因茨只好到处筹钱，最终都还没有凑够。

他向药剂师求情，希望能够先便宜一点卖给他，救了妻子的性命之后，再慢慢还剩下的钱。但是药剂师没能答应，药剂师觉得他发明镭剂就是为了赚钱。海因茨感到非常绝望，他想闯入药剂师的店为他的妻子偷药。

科尔伯格通过这个故事向孩子们提出了一系列问题，让他们讨论，以此来研究儿童道德判断所依据的准则及其道德发展水平。

（1）海因茨应该偷药吗？为什么？

（2）他偷药是对的还是错的？为什么？

（3）海因茨有责任或义务去偷药吗？为什么？

（4）人们竭尽所能去挽救另一个人的生命是不是很重要？为什么？

（5）海因茨偷药是违法的。他偷药在道义上是否错误？为什么？

（6）仔细回想故事中的困境，你认为汉斯最负责任的行为应该是做什么？为什么？

测试结果，六七岁的孩子一般会回答：偷药是坏人的行为，或者妻子要死了，只能偷药。大一点的孩子则认为，海因茨不能因为自己害怕而让妻子死去，或者"海因茨当受到处罚时候，会为偷窃行为感到内疚"。

因此，幼儿一方面认为凡是撒谎都是坏事，另一面又有时会选择撒谎。他们只看表面行为，一次判断好坏。撒谎可以带来心理满足，甚至逃避惩罚。

幼儿园年龄段的孩子对道德认识还处在一个非常幼稚的时期，道德概念和道德知识也比较贫乏。特别是幼儿园的孩子，对于是非、好坏、善恶的理解带有明显的直观、具体和肤浅的特点。好就是和我一块儿玩，坏就是把玩具借给别人而没有借给我……孩子就是这样根据直接的利害来看待好坏、判断是非的，他们不可能像成年人那样从本质上去理解道德的含义。

在幼儿园里，孩子告状是幼儿日常活动中最常见的行为之一。不同年龄的孩子，对道德感的体验是不同的，所以父母应该根据孩子的年龄采取不同的方式来培养他的道德感。

3～4岁的孩子道德感体验不深，他们的道德判断容易受到成年人的暗示，只要大人说是好的，或他自己觉得有兴趣的，就认为是好的。反之，就是坏的。同时，他们判断某件事情，只关注结果，而不注意行为的动机。比如妈妈告诉一个3岁的孩子"要和小朋友友好相处"时，他会点点头，但当他和小朋友抢玩具时，他不会意识到这有什么不对。如果4岁的孩子看到有小朋友帮别人修玩具，却把玩具修坏了，他也会认为这个小朋友不好。这时候父母要做的是用自己良好的行为规范为孩子树立榜样。

4～5岁的孩子已经掌握了生活中的一些道德标准，并且开始注意别人对自己行为的关注，同时，也开始关心其他人的行为是否符合道德标准。比如一个5岁的孩子想玩小伙伴的玩具，他会友好地和小伙伴商量，如果此时父母表扬他懂礼貌，他就会非常高兴。以后，他也会用这种方式来处理类似的事情。如果看到别的孩子抢玩具，他还会出于"正义感"而向家长或老师"告状"。

5~6岁的孩子道德感的发展已经开始趋向复杂和稳定，对好、坏、对、错他们已经有了比较稳定的认识。同时，他们会开始关注某个行为的动机，而不是单单从结果来进行判断。例如，当一个6岁的孩子还是看到小朋友帮别人修玩具，同样把玩具修坏了，但他会知道小朋友修玩具是出于好心，会认为这个小朋友并没有错，这个小朋友和其他弄坏玩具的小朋友是不一样的。这个年龄段的孩子已经能理解父母对事物前前后后关系的分析，他会体谅父母的用心。孩子的道德标准基本上开始稳定，如果他对某些事物有不同的看法，父母最好用讲道理的方法来说服他。

谷老师分享

家　长： 我家孩子上幼儿园快一年了，最近我发现她变得特别爱告状。有时候在我看来明明没什么，比如别的小朋友轻轻碰了她一下，她也会到我这来告状。孩子这么小就喜欢告状，会不会对她将来人际交往产生影响？

谷老师： 有时候，孩子告状是因为心里积攒了委屈，他的感受、情绪没有被及时处理，所以想要通过大人寻求帮助。对于这种情况，我们一定要耐心倾听，接纳并帮助孩子疏解他的负面情绪。然后再跟他一起商量解决问题的方法，"如果是你，你觉得该怎么办？""你能帮助他吗？"让孩子学会换位思考，增强正确对待和处理小朋友之间矛盾的能力。

为什么不停地惹事

相信很多家长都遇到过孩子在客人面前无理取闹、撒野等尴尬的场面。为什么孩子会出现这种"人来疯"的现象呢？儿童心理学家认为，没有给孩子足够的爱和关怀会让孩子变得"人来疯"。

"小麻雀"是王爸爸送给女儿的昵称，这个孩子从小就活泼好动，今年已经4岁了，依然是个小淘气包。

女儿在爸爸面前表现很乖，这让爸爸感到十分欣慰。可是，每次带女儿去亲戚家或者参加婚宴，又或者家里来客人的时候，小家伙就会马上恢复"小麻雀"的本性，变得特别兴奋，欢呼雀跃，大喊大叫。一会儿打开电视，把音量调到最大；一会儿上蹿下跳，模仿动物的叫声；一会儿又把洋娃娃抱出来，在客人面前玩过家家……如果爸爸妈妈制止她，孩子反而会闹得更加厉害。

心理学的秘密

有个孩子，因为家里穷很小的年纪便出去打工，有一次，他悄悄地拿了老板的七枚金币，但孩子一直不肯承认是自己拿的。回到家里，妈妈问孩子："是你拿的吗？"孩子摇摇头说不是。妈妈认为，既然孩子说不是自己拿的，那就相信他，让他知道他永远是妈妈的好孩子，妈妈会做他坚强的后盾，如果真的是他拿了也没关系，妈妈依然很爱他。后来，孩子向妈妈道歉，承认了自己的错误。在这个案例中，母亲对于孩子犯的错误并没有责骂，而是给他力量和支持，因为她知道，自己的孩子极少受到关注，所以他很需要爱和关怀，如果在外面得不到，家里就必须让他得到，要给孩子光明和温暖。如此，才能避免孩子因为安全感的缺失，刻意通过犯错的方式去达到求关注的目的。

怎样才能改变孩子"人来疯"的习惯，不让他在众人面前无理取闹呢？为此，"小麻雀"的爸爸想出了一个好办法。一天，爸爸要求跟女儿做一个游戏，女儿扮演家长或客人，爸爸扮演孩子，通过角色互换让女儿体会什么样的孩子更受欢迎。在游戏的过程中，女儿渐渐发现，原来自己的"淘气"一点儿也不可爱。从那以后，她渐渐改掉了"人来疯"的坏习惯。

面对孩子的"人来疯"，父母应该怎么做呢？

现在的孩子大多数是独生子女，平时就是全家围着孩子转，无限制地满足孩子的一切要求，导致孩子"自我为中心"的意识特别强。孩子在心里觉得自己的地位"至高无上"，而且已经习惯了这种待遇。但是，在家里来了客人或者到别人家里做客时，父母关注的焦点发生了转移，把主要精力放在招待客人上，对孩子的行为和心理状态没有平常那么敏感，孩子一下子感觉到自己从"宝座"上摔了下来，心理落差很大，所以要通过任性、不听话等方法来引起父母、客人的关注，这实际上是在提醒父母："还有我呢，不要把我忘记了。"

首先父母平时要多给孩子机会与外界接触，多与人交往，以减少看见生人时的新鲜感。家里有客人来时，让孩子与客人接触，学会问好和招待，使孩子懂得一些待客之道。同时还要注意把孩子介绍给客人，这样可以使孩子感觉到不受冷落。大人们交谈的时候，如果不需孩子回避，就尽量让他参加；如果需要孩子回避，也不要把孩子单独支到一边，可以安排家人去陪他。

当孩子发生"人来疯"的行为时，家长不要急于改变这种情况，因为直接的说教可能会使孩子产生逆反心理。为了改正孩子的"人来疯"情况，家长应该试着和孩子玩在一起，等孩子减少戒备心之后，再有针对性地慢慢沟通，而不要只是一味强硬地要求孩子改正。

另外在批评孩子的时候，也要注意方法。如果孩子还小，家长应该抓住时机及时教育，让他清楚自己错在什么地方。要对孩子讲清楚，这种行为是对客人的不礼貌，大家都不喜欢。但是最好不要采取过激的态度，因为那样不仅会让客人尴尬，孩子也听不进去。如果孩子比较大了，最好不要当着客人的面教训他，因为这时候的孩子自尊心很强，如果当着别人的面批评他，会让他觉得很难为情。

其实，家长也可以利用孩子的"人来疯"，引导孩子在客人面前展示自己的优点和其他特长，出于一种爱在别人面前表现自己的心理，孩子在客人面前的表现往往比平时好。

谷老师分享

家　长：我儿子平时挺乖的，家里来客人时也不至于太"疯"，但就是爱打岔，插大人的话，让我在朋友面前觉得很尴尬，觉得孩子显得特没教养。遇到这样的情况我怎么做比较好？

谷老师：孩子在人多的时候容易兴奋、爱惹事，既有他自身的原因，也有父母的原因。从孩子的角度来说，他们是希望得到关注和表扬，但这个年龄段的孩子以自我为中心，不太在意他人的感受和需求，所以当大人们在一起说话时，他不能理解：为什么要撇下我？另一方面，有客人来，对孩子来说是一种新鲜的刺激，如果他总是父母注意的中心，就自然认为自己也是客人眼中的中心。

小"跟屁虫"

> 幼儿园的故事

（一）

幼儿园有一个小朋友叫佳佳，她是一个活泼可爱的小姑娘。佳佳的妈妈是个整日忙碌的"女超人"，经常为了工作每天奔波在路上，偶尔有时间来接女儿放学，享受着和女儿一起放学的快乐时光。最近，佳佳的妈妈跟幼儿园老师反映，说孩子最近在家有个让她十分烦扰的问题。

原来，每次佳佳妈妈接重要电话时，佳佳总是黏着妈妈，问电话里的是谁，找妈妈做什么，当佳佳妈妈回答完女儿的问题时，总会叮嘱她："佳佳，妈妈在讲电话，你不要打扰妈妈！这样很不礼貌！"可是这句话似乎对孩子不起任何作用，反而让小家伙更加来了精神，她变本加厉地缠着妈妈，不停地和妈妈讲话，或是直接跟电话里的人讲话，她总是爱说："我是佳佳！你是哪位呀？……"这样的状况总是搞得佳佳妈妈混乱不已，耽误许多重要的工作，佳佳妈妈对此无计可施。

（二）

琪琪今年4岁，是个很乖巧的小朋友，就是有一点，太黏人了，做什么事都想依赖妈妈。在家里，琪琪要喝水时，妈妈已经提前倒了一杯；孩子吃饭拖拖拉拉，妈妈就端起饭碗给她喂饭；见孩子吃芒果弄得浑身脏兮兮，妈妈就提前为她把所有的水果都切好，放在盘子里……就这样，妈妈替孩子做了本该要自己动手的事情，虽然避免了不少麻烦，但后果却是，琪琪越来越离不开妈妈。

心理学的秘密

许多家长都有这样的感触，为什么往往是在自己越忙的时候孩子越捣乱？其实，大人越忙的时候越是孩子被忽视的时候，这时，大人的专注力在电话里、在谈话对象身上，对孩子的关注自然减少了，为了寻求关注，孩子才会特别黏人。

1971年，心理学家德西做了一个实验，实验对象是大学生，他们被安排在实验室解答趣味题。

第一个阶段，解题不给奖励。

第二阶段，实验对象被分为两组，A组解题可得1美元报酬，B组解题依旧不给奖励。

第三个阶段是自由休息时间，既可选择休息，也可以继续解题。

结果发现，A组在有奖励的第二阶段对解题有极大兴趣，到第三阶段，兴趣则明显减弱，B组即使没有奖励，但仍有许多人愿意在休息时间继续解题。这就是心理学上著名的"过度理由效应"，它从另一方面为我们解释了孩子依赖父母的原因。

这个实验告诉我们，为了使自己的行为具有合理性，每个人都在寻找原因。这个过程中，大家都习惯于寻找明显的外在原因，一旦找到，就很少有人再探究其内部原因。就像在日常生活中，亲朋好友对我们的关切会被我们视为理所当然，若换做外人，我们则认为他"乐于助人"。同样，孩子的行为也可以用这一效应来解释，父母对他的关心与照顾，他认为是理所当然的，因而也会在爸爸妈妈面前表现得过于任性和撒娇。但在幼儿园，他们却无法这样依赖老师。

从更深层次的角度，可以看看美国心理学家哈洛做的"婴猴实验"。

哈洛把刚刚出生的婴猴从母猴所在的笼中取出，放到另一个装有两个人造母亲的笼子里。一个纯金属丝的人造母亲胸前装有一个奶瓶，另一个的表面包裹着柔软的布，但没有奶瓶。按理说，婴猴应该经常爬到安有奶瓶的金属丝妈妈的身上，然而结果却相反，婴猴只是在肚子饿要吃奶的时候才爬到金属丝妈妈身上，而大部分时间都爬到布妈妈身上。如果在布妈妈身上也装上奶瓶，那么婴猴就几乎不再接触金属丝母亲了。如果在婴猴玩耍的时候，突然放入一个自动玩具，就会看到婴猴吓得马上逃到布妈妈身上。

这个实验推翻了人们传统思想中"有奶便是娘"的认知。从这个实验可以得知，婴猴对母猴的依恋主要不是食物，而是柔软、温暖的接触。推而广之，婴儿依恋母亲并不仅仅是为了喝奶，他更需要柔软而温暖的皮肤接触，婴儿只有在母亲温暖的怀抱里才能健康地成长。就像小猴子不喜欢只能提供食物的"金属妈妈"一样，孩子也不喜欢只能提供食物、金钱的"机械妈妈"，更需要的是妈妈的爱。

孩子依赖人是一种寻求并企图保持与另一个人亲密的身体联系的倾向，它的主要对象是妈妈，也可以是别的抚养者或者与婴儿联系密切的人，比如家庭的其他成员。依恋主要表现为啼哭、笑、吸吮、喊叫、咿呀学语、抓握、身体接近、偎依和跟随等行为。

依恋是婴儿与抚养者之间一种积极的、充满深情的感情连接，这种依恋大约在婴儿6个月大时形成，到3岁期间则会形成密切而深刻的情感联系。一旦形成这种关系，与依恋对象分离，就会让孩子感到极大的不安和焦虑。所以，黏人是儿童在情绪发展过程中的正常表现，不能被父母认为是不听话。

心理学家埃里克森认为，儿童在3～4岁期间会进入人格发展中"主动—内疚"的阶段。依赖或独立的性格绝大部分是由此形成。如果儿童形成的自主性超过羞怯、疑虑，就形成意志的美德，反过来就会形成自我疑虑。

这时候，孩子迅速学会了各种技能，比如走、爬、和人聊。他们可以随心所有地掌控一些小东西、小物件，同时也已经能自主控制和排泄大小便。小孩子已经开始有一些自己的看法，想做什么不想做什么，也因此容易陷入和父母的意愿冲突中。此时，如果总是宠爱，或者经常使用体罚手段，孩子容易因为疑虑进而体验到羞怯。

曾有一个新闻，一个9岁的小女孩因为营养不良被送到医院，结果一照X光，医生都惊呆了，女孩的胃壁里全是头发。发丝影响了食物的消化，孩子当然就营养不良。为什么会出现这样的情况？原来这个小女孩5岁起，父母就很少在她身边陪伴，为了引起大人的注意，得到他们的重视，女孩就拔自己的头发吃，日积月累，胃就被堵住了。

很多时候，孩子会故意捣乱、轻微自伤、摔自己喜欢的玩具，他们的目的无非是想得到大人的关注，告诉爸爸妈妈：你们要来哄我啦！对幼儿来说，妈妈的接纳、喜欢、拥抱、躯体抚慰和精神关注，将促进他与妈妈形成信任、安全、温暖的关系，这样的依恋关系能让孩子变得健康、活泼、开朗、自信和自尊。

因此，我们也应当在这个时候多鼓励孩子勇敢地去尝试。在这个过程中，很多妈妈担心孩子会不会认为"妈妈一定是不爱我了"，其实，让孩子独立做事情，并不会让孩子产生妈妈不爱自己的情绪。如果是他力所能及的事，孩子其实是愿意尝试的。如果他表现出为难的情绪，妈妈先不要帮助他，而是多多鼓励他，让他尽快尝试第一件事情，那样孩子就能很顺利地独自进入下一件事情了。

与妈妈形成良好依恋关系的孩子具有以下的特征。

人际关系中，开朗活泼，有自信和自尊，懂得爱别人，能与人"共情"，没有暴力倾向，善良，宽容，知道自我的边界，不对别人过度要求。

能正确解读父母教育自己的信息，打得也骂得，孩子不会记恨妈妈，一般也不会让妈妈太伤心。依恋不够的孩子打不得也骂不得，因为妈妈这样做会激发孩子内心深处对妈妈的不信任。

根据心理学家玛丽·安斯沃思与约翰·鲍尔比的研究，母子依恋关系有以下三种类型。

安全型依恋，这是最常见的依恋类型。孩子在妈妈离开时会哭闹，在妈妈回来时会高兴；如果妈妈在场，通常以妈妈作为认识世界的起点；在玩耍的时候，会不断地回到妈妈身边寻求安慰；通常比较爱合作，较少生气，会友善地对陌生人。孩子容易形成积极的人格。

逃避型依恋，是较少见的类型。孩子在妈妈离开时很少哭泣，在妈妈返回时不会太高兴，并设法逃避妈妈；如果有什么需要，不寻求帮助，而是表现出愤怒的情绪。不在意陌生人。

矛盾型依恋，也是较少见的类型。孩子在妈妈离开前就开始焦虑，对妈妈的行为很紧张，担心妈妈离开；在妈妈离开后更加不安，而妈妈回来时，行为又很矛盾——既想亲近妈妈，又拒绝妈妈，较少关注周围的环境，很难安抚，对陌生人也不友好。孩子容易形成消极的人格。

孩子小的时候，对妈妈、长辈有所"依赖"是自然的，也是十分正常的现象。但随着孩子年龄的增长、自立能力逐渐增强，妈妈就要锻炼他的自理能力，渐渐帮助他改掉什么事都依靠妈妈的习惯。在这一点上，妈妈首先应该从自身做起，不能什么事都代替孩子，而要把他当作一个独立的个体。

例如琪琪的妈妈，就比较注重一步一步培养孩子独立的性格。妈妈可告诉她饮水机在哪里，杯子放在哪里，喝水时如何自己使用饮水机开关；吃饭时，妈妈先放一双筷子在琪琪的碗上，让她自己学着用筷子吃饭；家里的水果，妈妈也可以放在冰箱里位置较低的地方，这样，琪琪想吃什么水果，就能自己打开冰箱去取。

谷老师分享

家　长：孩子3岁半了，也上了一段时间的幼儿园，可怎么还是那么黏人，我走到哪儿跟到哪儿，像个胶布一样贴在我身上。怎么做才可以让宝贝快点独立？

谷老师：孩子要黏就让他黏着吧，千万不能强行把他推开，很多大人都以为这样做可以锻炼孩子的独立，其实，这种做法只会适得其反。因为孩子只有从妈妈那里得到足够的安全感，他才有勇气离开妈妈，去探索周围的世界。如果没有与妈妈完成良好的心理分离，孩子只会感受到更多的焦虑和不安。

每天去幼儿园可真费劲

很多家长都为孩子不愿意上幼儿园而犯愁，如何让孩子轻松地适应幼儿园的生活，就成了他们的一大难题。

贝贝很快就到了上幼儿园的年纪，入园前，妈妈特意跟单位请了假，领着孩子到幼儿园参观，告诉她这里的小朋友每天都在干什么，希望能以此消除孩子对幼儿园的陌生感。

在幼儿园里，贝贝看到了各种有趣的玩具，有跷跷板、秋千，还有像蘑菇一样可爱的大房子。妈妈指着房子上的画给孩子讲各种好玩的故事，还带贝贝来到教室，让她看到哥哥姐姐们画画、玩玩具、唱儿歌的欢快情形。"只有大孩子才能上幼儿园哦，宝贝现在长大了，也可以上幼儿园了。"听妈妈这么一说，贝贝既充满期待又十分自豪。

入园当天，贝贝还兴奋地告诉邻居阿姨："我要去上幼儿园了！""这么乖啊，贝贝真懂事。"听到别人的夸奖，孩子的满足感油然而生。头两个星期，贝贝还对幼儿园充满好奇，可一段时间后，她又渐渐失去了新鲜感，每天不愿起床，嘟囔着"我不要去幼儿园"。

心理学的秘密

美国行为主义心理学创始人华生曾有过这样一段对环境决定论的经典表述："请给我一打健康、没有缺陷的婴儿，让我放在我自己的特殊世界中教养，那么，我可以担保，任取其中任何一个，我都可以把他训练成为任何专家——医生、律师、艺术家、商界领袖，甚至是乞丐和窃贼，而无论他的才能、嗜好、趋向、能力、职业及种族如何。"为证明"环境决定论"原理，他于1920年进行了著名的"恐惧实验"。

实验对象是一个名叫艾尔伯特的健康婴儿，他当时仅有11个月大。

实验第一阶段，艾尔伯特面对的是一只小白鼠，他对这只小动物充满了好奇，甚至想用手触摸它，整个过程里，婴儿并没有产生任何恐怖的情绪。第二阶段，华生用铁锤敲击钢条，刺耳的声音让小艾尔伯特开始哭闹并想要爬开。在第三阶段里，华生首先将小白鼠放在婴儿面前，当小艾尔伯特正要伸手触摸时，助手敲击钢条，此时，婴儿呈现出恐惧的情绪。当钢条的刺耳声和小白鼠连续3次在一起出现后，小艾尔伯特只要看到小白鼠就会非常害怕，同时想要寻求保护。

婴儿的这一行为被称作"恐惧性条件反射"。后来，当小艾尔伯特面对小白兔等一系列白色毛绒物时，都会表现出很强的情绪反应，这一现象被称为"恐惧性条件反射的泛化"。

事实上，儿童诸多的行为方式都能通过条件反射原理来解释。

例如，有的孩子不喜欢上课被提问，是因为他曾因为回答问题被同学嘲笑或被老师批评，结果，他将"上课回答问题"与"被同学嘲笑"的不愉快经历联系起来，以致对上课发言形成了恐惧性条件反射。它的泛化现象，就是致使孩子对学校和课堂产生恐惧。

这也可以推断出，为什么孩子看见幼儿园的大门就会哭泣，说明他曾对幼儿园有过焦虑的情绪体验，比如家长动不动就说"不好好吃饭就把你送幼儿园去""让幼儿园老师把你带走"，这些话给孩子造成了负面暗示，使他觉得那是一个可怕的地方，从而产生抗拒感。

此外，孩子不愿上幼儿园的原因是对妈妈过于依恋。

从幼儿心理学上讲，36个月大的孩子是可以做到和母亲长时间分离的。此时，妈妈的形象已经深深印在孩子的脑海中，他们对妈妈建立了强烈的信任感，并同时对外界事物充满好奇心，渴望四处奔跑。若此时的孩子总是黏着妈妈，则说明他对母亲缺乏信任，还没有与妈妈完成心理分离。

依恋发生的时间因人而异，不同的文化背景也有影响，但依恋发展的基本模式一致，它是随着婴儿的生理成长循序渐进增长而逐渐地复杂化的，具有一定阶段性的发展。

根据英国精神分析师鲍尔比的理论，婴儿的依恋可分为四个阶段。

第一阶段，从婴儿出生到3个月大，这个阶段的婴儿对所有人的反应相同，出现社会性微笑，激发母性行为。

第二阶段，婴儿3～6个月大，会对亲人的反应频率高于陌生人，尤其是对妈妈或其代理人，表现出自发性喜悦之情。

第三阶段是积极维持接近阶段，幼儿6个月到3岁，处于"陌生人焦虑"阶段，喜欢与妈妈在一起。

第四阶段与依恋对象建立确定关系，3岁以后婴幼儿与妈妈或其他依恋对象已形成永久联系，能考虑妈妈的需要，预测其行为，从而调整自己的行动。

孩子刚入园有轻度的焦虑和不安情绪是正常的，面对孩子的哭泣，我们更应该理解他的恐惧感受，鼓励宝宝勇敢面对。

贝贝的妈妈早有心理准备，知道刚入园的孩子会有轻度的恐慌、焦虑情绪，她没有强迫贝贝，而是鼓励孩子积极面对。

"既然是宝宝自己选择了上幼儿园，我们就坚持下去好不好？"

"妈妈我不要去，我要跟你去上班"。

孩子正说着，眼泪就滑过脸颊。

"我知道贝贝不愿意去幼儿园是因为想妈妈，妈妈也想你，但是，每个小朋友长大后都要去幼儿园，在幼儿园，你能认识很多好朋友，大家可以在一起玩啊。"

能和小朋友一起玩似乎让贝贝有点心动了，但她还是嘟着小嘴。

"妈妈不勉强你，今天我们一块儿去幼儿园，如果你觉得那里不好玩，妈妈就和你一起回来，如果你想和小朋友们一起做游戏，你就留在那里，好吗？"妈妈用商量的口吻问孩子。

可是到了幼儿园门口，贝贝还是有点儿闹情绪，搂着妈妈的脖子不肯松手，

可当其他小朋友拿着玩具过来喊"贝贝，贝贝，快下来，我们一起玩吧"，贝贝又渐渐露出了笑脸。

妈妈安抚宝贝说："贝贝乖，幼儿园里有这么多小朋友，还有好多玩具，多好玩啊，今天妈妈一下班就来接你，好不好？"尽管孩子还是不太情愿，但老师走过来牵贝贝的手时，她还是朝妈妈挥了挥手，小声地说："妈妈早点来接我。"

谷老师分享

家　长： 孩子平时住爷爷奶奶家，上幼儿园基本都是由老人接送，可能是因为老人带得娇气，每天早上去幼儿园他都连哭带闹，折腾半天不肯去，但如果换成我和他爸爸送就好很多，面对这种情况要怎么办？

谷老师： 老人都比较宠爱孩子，这样，孩子很容易养成娇气、不讲理的习惯，另外，父母长期不在身边也会使孩子缺乏安全感，对他人缺乏信任，不能做到与亲人正常的心理分离。所以，我的建议是尽量把孩子带到自己身边来。

总把“我怕”挂在嘴上

（一）

　　贝贝第一次去动物园看猴子，其他小朋友都在给猴子喂食，玩得十分开心，贝贝却拉着爸爸的手要走，急得都快哭出来了。爸爸耐心地哄孩子，让她试着跟小猴子打招呼，正在这时，一只猴子忽然跳到贝贝身上，把孩子吓哭了。爸爸看到孩子很紧张，连忙抱起贝贝走到一边，但爸爸认为，不能因为过于保护孩子就给孩子造成“猴子不好”的印象。爸爸对贝贝说：“它只是肚子饿了，想要找吃的，并不想伤害你。”等孩子的恐惧情绪慢慢消解，爸爸再问贝贝：“那你要不要跟他们一起玩？”贝贝点点头，又跟着爸爸一起去喂小猴。在玩耍的过程中，孩子和小动物越来越亲近，之前对它的恐惧情绪也被快乐所替代了。

（二）

沐沐和妈妈去野生动物园游玩，看到可爱的小鹿，沐沐忍不住跑上前去给它喂食。不料，母鹿看到这个情景时马上跑到围栏边，踢了沐沐的腿，孩子被踢疼了，立马放声大哭。妈妈闻声赶来，发现孩子的腿被母鹿踢了一个鲜红的口子。她连忙抱起孩子，来到树荫下包扎伤口。等孩子的情绪平复下来后，妈妈慢慢地跟沐沐说："你知道母鹿为什么会踢你吗？她以为你会伤害它的孩子，就像我担心你会受伤一样，所以才这样的。""哦。"沐沐不哭了，"妈妈我知道了，妈妈都会保护自己的孩子。""是啊。""那我不喂小鹿了，我喂鹿妈妈。"有趣的是，当孩子走过去喂鹿妈妈时，小鹿也一起跟了过来。

心理学的秘密

3～4岁的幼儿大脑发育还不完全，认知有限，所以对世界的认识是片面的、肤浅的，此时，他们正处在想象力发展的时期，如果我们经常用一些动物，或者用"不听话让老虎把你抓走""等着大灰狼来吃你"的话来吓唬孩子，不仅会造成孩子安全感不足，让他变得敏感、胆小，还会让他对动物形成模糊的恐怖形象。

对于受到惊吓的孩子，对他说"别怕"一点用也没有，等孩子的情绪平复下来后，我们抱一抱孩子，慢慢地跟他说话，才能帮助孩子化解恐惧的情绪。当他的恐惧感减轻时，父母要马上进行鼓励，让孩子尽快脱离恐惧，就像沐沐的妈妈那样。千万不能因为是小事就轻视宝宝的恐惧情绪，在孩子眼里重要的事，家长也应当认真对待，以便消除令他不愉快的阴影。

心理学家杰塞尔和霍尔曾经做了这样一个调查：通过访问母亲、孩子本人以及在实验情境里唤起孩子害怕的刺激反应等方式收集了儿童害怕的材料。结果发现：儿童从2岁到5岁，对噪音、陌生的物体或者陌生人、痛、坠落、突然失去身体支持以及突然的移动等刺激的害怕有所减少。但是，有些方面却增加了：对想象中的生物、黑暗、动物、嘲笑、有伤害的威胁，如过马路、落水、火以及其他有潜在危险情景的害怕。后一种害怕是随儿童认知能力的发展而出现的，变化过程如下。

1岁，会因突然发生的巨响、陌生事物或母亲离去而受惊。

2岁，听到某些声音，如噪声、雷鸣声某些动物的叫声等，或者看到高楼、汽车驶近时的情景、黑暗等，都会容易害怕。

3岁，害怕的越来越多，如陌生人、老人的面孔、黑暗、动物等，晚上父母不在身边等都会造成恐惧感。

4岁后，除了以上外，对警报声也很敏感。

从人类进化的角度看，恐惧本身有助于趋利避害。当然，同时也有压抑作用，会使幼儿退缩和逃避，性格上变得谨小慎微、懦弱，呈现消极的一面。严重的会使幼儿的感知狭窄，思维刻板，行为方式呆板，不灵活。

所以，大人不仅不要吓唬幼儿，还要避免把自己的胆怯传染给幼儿。在一些必须要做的事情前，如打针，要帮助幼儿忍受打针的痛苦而尽量减少害怕的成分。同时借助解释开导的手段，鼓励他们独立地应付这种情景。

怎样才能更好地克服害怕的心理？

1924年琼斯（M.C.Jones）进行了消除儿童对白兔恐惧的实验。34个月的男孩彼得，对皮外衣格外害怕，见到羽毛、棉花、羊毛都特别恐惧，害怕动物，特别是兔子，总之，只要是带毛的东西没有不怕的。

实验者决定采取这样的办法：以食物作为愉快的刺激。每当小彼得吃饭时，实验者就把关着小白兔的笼子拿到房间里。一开始，笼子尽量放远一点，但每一天都会向桌子移近一点，直到最后把小白兔完全放出来。

结果是，小彼得完全不怕兔子了。琼斯认为，这是因为吃饭是一件令人愉快的事，如果把这种愉快的经历与兔子结合在一起，那么这种积极的情绪就会延及到兔子身上，成功地替代了彼得对兔子的害怕。

小猫、小狗、小猴看起来很可爱，也很受小朋友的喜欢，但在真正的接触过程中，它们可能会伤人。所以这个时候，家长的态度就显得很重要，我们如果表现得过于惊慌，不仅会增加孩子的恐惧感，还可能会引发他的心理障碍，这种阴影甚至会伴随孩子到成年。

当然，父母也可以预先告诉孩子即将出现的变化，为他建立一个心理预设，但不要对孩子说"快跑，怪物要出来了"，这样相当于是默认害怕是对的。

我们也不要总是反复说刚才让他受到惊吓的事。这种情况下，对孩子最好的安抚不是不停地劝他不哭，而是抱紧他，给他安全感。

谷老师分享

家　长： 我儿子4岁了，平时胆子挺大的，却莫名其妙害怕一些动物，每次给他讲故事，孩子听到"大灰狼""狮子""老虎"时，就会吓得说"妈妈，我害怕"，不知道孩子的这种偏见是从哪里来的，如何才能让他改变这样的想法？

谷老师： 4岁正是孩子想象力发展的时候，由于受到动画片、童话故事等的影响，孩子会片面地认为吃肉的动物都是"坏的"。遇到这样的情况，我们可以带孩子去动物园，让孩子在亲近大自然的同时，给他正确的引导，也可以买一些有老虎图案的浴巾或者狮子头像的帽子给孩子，让他亲近这类动物，消除内心的害怕与偏见。

家　长： 我女儿4岁了，她最近有件事让我特别感动，她对我说："妈妈我长大了，你就老了，妈妈你别死。"我没想到孩子会说出这样的话来，当时一听，也不知道该怎么回答，就说"好"。孩子这样说是因为她害怕死亡吗？

谷老师： 就像当孩子说到"死亡"时，她其实并未理解这个词的含义，小学三年级以后的孩子才能真正理解这个感觉。所以这时，大人不要给到孩子一个悲伤、担忧的情绪，这会使她变得没有力量、害怕。我们可以告诉她："即使任何时候，妈妈都会陪伴你，看着你成长。"孩子是一棵幼苗，还需要父母的浇灌、支撑，家长要成为给孩子光亮的那个人，传递给她积极的态度。

分分钟都停不住

幼儿园的故事

（一）

跳跳是班里的"小不点"，很讨人喜欢，但有时也叫人头疼。

最近，这个"小不点"变成了"小淘气"，怎么好言相劝都不管用，当你批评他时，他会笑着看着你，一点没有感觉到自己犯了错误，反而很高兴，还去跟小朋友一起闹。

在课堂上，跳跳总会不停地和小朋友说话，其他小朋友做练习时，他就在书上乱画，书上的图案都看不清了，有的地方都被画破了。书上没有地方画了，他就在自己的手上、桌子上画，一刻都不闲着。吃饭时，跳跳总把饭吃得满身、满桌、满地都是。只见他一会儿把馒头撕成小块捏着玩；一会儿用筷子"不小心"把菜夹到桌上、地下；一会儿又用筷子搅拌汤，老师怎么提醒都不管用，他依旧照做不误。每次其他小朋友都已经吃完饭了，他的碗里还是满满一碗的饭。

午睡时，跳跳就把被子全都掀开，然后在床上拱来拱去，老师走到他身边陪着他、拍着他睡，他就开始跟老师聊天，一点儿没有睡意，无论什么时候精力都很旺盛。

（二）

4岁的小刚特别好动，在家里几乎没有安静的时候，总是上蹿下跳，一会儿把家里弄得乱七八糟，一会儿打碎这个打碎那个，就连看电视也不停地换频道，从来不能耐心地看完一个完整的节目。

在幼儿园，小刚也没有闲下来的时候。他经常在课堂上随意走动，下课又喜欢在走廊上横冲直撞，午休时，大部分孩子由于经过一上午的学习和游戏，睡得可香了，但小刚却怎么也睡不着。他一会儿坐起来看看这、瞧瞧那，一会儿躺下在床上打滚，翻来翻去，一会儿又嘟囔着说要小便……针对小刚精力旺盛的情况，幼儿园老师也进行了调整。比如网球投掷时，老师让澄澄负责捡球，以此消耗孩子的精力，使他能按时午休；又比如与孩子进行游戏，比一比谁睡觉最快最安静等。

妈妈也被小刚的好动烦得不轻，总觉得他没有安静的时候，经常因为这个发火。在一次家长会后，她向老师提起了这件事，她对小刚在学校里是否也是这样感到担忧。老师告诉小刚妈妈，小刚虽然在学校里也比较好动，但是并没有什么大碍，并且告诉妈妈不要担忧，这是这个年龄段男孩子的共性，并不只是小刚一个孩子好动，千万不能把小刚好动当成是问题来看待。

心理学的秘密

孩子在四五岁的时候，既精力充沛，又充满好奇心，关键还缺少自控力，自然而然地就会显得好动。爸爸妈妈千万不要觉得自己的孩子是不是身体有问题，这是正常情况。针对这个年龄段孩子好动的问题，最好的办法就是引导孩子分散精力，多让孩子做一些耗精力且有意思的事情，譬如和小朋友比赛赛跑，或者让孩子集中注意力画画等，这都是消耗精力的好办法。这样孩子既能够消耗一些精力，显得不那么好动，也在这个过程中认识了世界。

生活中，我们常常容易将儿童活泼好动、多动与多动症这三个概念搞混淆。

一般来说，活泼好动属于幼儿在气质类型上的特征，他们适应性强，待人活泼大方，在任何场合都能主动与人交流；多动的孩子虽然不容易集中注意力，但当他们遇到自己感兴趣的事情便能很快安静下来；而多动症则属于一种儿童发育障碍，多表现为极易受外界刺激的干扰而分散注意力，情绪不稳，冲动任性，易激动、易冲动，攻击性强等，尽管如此，多动症儿童的智力发育正常，通常不存在智力问题。

因此，对于孩子多动的行为，家长最好不要妄加评论。

儿童多动不等于儿童多动症，好动儿童的活动是有目的、有序的，多动症儿童的活动则是杂乱无目的的。

好动儿童只在某些活动场所或场合下才有多动行为，多动症儿童则在各种场合下都表现得多动、注意力不集中。

好动的儿童，即使特别淘气，举动也不离奇，能为人们

155

所理解，多动症儿童的多动行为则不分场合，做出一些难以被人理解的举动，如制造噪音、发出嘈嘈声、扭动不安、经常哭泣等。

一项研究表明，目前在学龄儿童中有8%～12%的人都被诊断为多动症，这一数字比过去几十年都要高，而且仍有很多未经确诊的病例存在。专家指出，多动症如果不经治疗，将会影响孩子的心理社会适应能力，使他们面临行为破坏性强、控制能力差、学业困难等问题。

根据相关研究表明，多动症的形成主要受生物学因素、心理因素和环境因素的影响。遗传理论认为，儿童多动症发病原因75%～80%源于遗传因素。从心理学上讲，小时候缺乏关爱的宝宝更容易患多动症。另外，环境也是造成孩子患病的关键因素，例如母亲在怀孕期间滥用药物、吸烟、饮酒等行为会增加宝宝患病的概率。当然，不和谐的家庭关系也会导致儿童多动症的发病，如父母经常为儿童的学习而焦虑，并常常使用训斥、打骂的方式，这样的家庭环境会影响儿童情绪的宣泄，导致其出现冲动、易怒行为。

虽然许多因素会增加儿童患多动症的概率，但仍有很多方法能缓解或降低这类症状的发生。

（1）通过奖励鼓励孩子改变自己的行为。当孩子在幼儿园表现出坐立不安，扰乱课堂纪律，妨碍其他儿童的行为时，老师要及时制止他的行为，并让孩子待在一个安静的环境里，进行短暂隔离以示惩罚。

（2）给孩子提供社会交往的机会。无论是在幼儿园还是家里，我们都可以鼓励宝宝参与到集体活动中，并教会他学会倾听、合作与赞美。

（3）父母为孩子创造良好的家庭氛围。家长平时应适当减少愤怒情绪，避免通过冲突解决问题。

针对跳跳的情况，幼儿园老师、父母要尽量用简洁明确的语气对孩子发出指令，可以一次只给孩子布置一个任务，并对他良好的表现及时肯定。此外，为了避免孩子容易受外界环境的干扰，可以将其上课的座位、睡觉的床位安排在角落或环境较为单一的地方，让他不容易分散注意力。

谷老师分享

家　长：我家孩子真是一刻都停不下来，在幼儿园捣乱，跟老师抢话，回到家也不闲着，这摸摸那爬爬，浑身好像有使不完的力气。他这样让我觉得很累，要如何让他安静下来呢？

谷老师：这类性格一般是多血质的孩子，他们最大的特点就是凡事三分钟热度，没有办法把注意力长时间集中在一件事情上。因此，家长要多培养和训练孩子的注意力，做事时，先让孩子从简单的做起，将事情循序渐进地引入他的生活，然后，父母要对孩子是否完成了这件事进行监督和检查。一开始，可以每件事都检查，然后慢慢变成抽查，当发现孩子有了明显进步时，一定要及时给予肯定。另外，家长还要让孩子多做一些细致的事情，可以是游戏，也可以是家务劳动，总之要让他们坚持把事情做完，并且质量要高。

问题可真多

🎀 **幼儿园的故事**

孩子总是有着无比强烈的好奇心，他们从来不管自己的问题是不是可笑，也不会去想爸爸妈妈能不能回答自己的这些问题。尤其是当他遇到更多新鲜事物时，他们会变成一个"十万个为什么"。

这时，我们常遇到以下三种情况。

第一种是家长对孩子的提问不屑一顾，直接说："哪有那么多为什么，别烦了，一边待着去。"要么说："怎么这么笨，是在学校没听讲所以不知道吗？"

第二种是有的家长因为不能回答孩子的问题而不知所措，支支吾吾，不知道该如何回答。

第三种情况相对好一点，就是家长给孩子分析得很清楚，来龙去脉，把各种现象、原理都讲一遍，甚至给孩子一个固定的结论。这样一来，孩子的确会对问题有一个全面、清晰的认识，但却在无形中扼杀了他的想象力和创造力。孩子如果对一件事情没有了好奇心，探索的欲望就会慢慢消失，所以，这也不是最好的方法。

心理学的秘密

许多有伟大成就的人物，在学校时未必成绩优异。在对世界400位杰出人物所做的调查当中发现，其中65%的人虽然在学校成绩一般，但在自己感兴趣的领域，他们会有很强的求知欲，愿意潜心钻研，从而有了不同于常人的成就。可见，好奇心是兴趣的关键，兴趣在哪里，天赋就在哪里。作为家长，我们可以引导孩子提出各种问题，并给予鼓励，同时为他提供探索知识的环境。

皮亚杰曾用认知发展理论分析游戏，把孩子的游戏依据先后顺序分成若干阶段看待。

第一阶段，首先来自于肢体运动所带来的愉悦：半岁前的孩子，喜欢手舞足蹈，自动自发，碰那些悬挂着的玩具。

第二阶段，问个没完没了，不停地抛出各种问题。这个时候，孩子不再只关注自己，而是开始关心周围的人和物。这是一种非常简单的"心理练习"，是人与动物在游戏水平上最本质的区别。事实的意义在于，借助重复问答锻炼思维。

这一阶段幼儿科学探究的特点是"随机性探究"，他们并没有明确的意识，问一个问题没有太多的针对性，也不会进行探究活动，只是在随意摆弄物体的过程中，获得一些随机性的发现。他们正处于从直觉行动思维向具体形象思维过渡的阶段，这使其科学探究更依赖于真实具体、现象一目了然的情景和反复的操作感知活动。

3～4岁的孩子喜欢用手去触摸事物，依赖于手的感知。想按一定的顺序对事物的结构和特点进行有序观察很难，一次观察就想获得对事物粗略的整体认识也几乎不可能。

心理学将3～4岁儿童充满好奇心的时期称为"讯问期"。这一时期，他们有了自我意识，开始对外部的世界充满好奇，想要探索到更多未知的秘密。

只是，在实际生活中，当孩子不断问"为什么"或者对一件事情有所好奇、想要寻根究源时，父母便会变得越来越不耐烦，甚至会对孩子严厉斥责。这就导致孩子在问问题的时候常会"碰壁"，"小孩子，不懂的不要乱问！""不是告诉你了吗？你怎么这么事多？""没看爸爸很忙吗？一边玩去！""你怎么这么多问题？我也不知道！"……

于是，这个小家伙伤心地走了，他这才知道原来问问题需要一些条件，原来问问题是错误的，原来大人也有不知道的时候……于是，很多小孩子都乖乖地闭上了嘴巴，看到一些新鲜的事情，也不会马上就问："妈妈，那是什么？"所以，我们会发现，孩子越长大，问题也就越少了，家长也不必费尽口舌地告诉他，这是什么，干什么用的，为什么会出现这样的现象。

心理学上有一个案例被称作"摩西奶奶效应"。美国有一位名叫摩西奶奶的艺术家，到75岁才开始动笔学习画画，5年后，她举办了个人画展。这个故事说明，人的一生有许多尚未被挖掘的潜能，3~4岁的孩子正是有着无限潜能需要被发掘的时候，如果此时孩子的好奇心被泯灭，他就不会再去主动认识世界了，自然孩子认识世界的能力也就降低了。同时，他们也很少再有主动获得知识的快感，随之而来的，就是他失去了本身应该具有的独创性。这才是他们人生中重要的两样东西。一个人没有了好奇心，没有了独创性，也就没有了主动认识问题、解决问题的能力。

4岁的萌萌是个富有观察力和想象力的孩子，她最喜欢蹲在外婆家的院子里，观察地上的小蚂蚁了。这天，妈妈来外婆家接萌萌回家，发现萌萌正低着头举着一片小树叶，就问孩子："宝宝在干什么呢？""嘘，妈妈，小蚂蚁在排队回家，我给它们挡住太阳。"

妈妈蹲下来顺着蚂蚁的队伍一看，原来，蚁洞的不远处掉了几粒米饭，小蚂蚁正齐心协力地把饭粒运回家。它们排着长长的队伍，井然有序地慢慢前行。但是，似乎是因为洞口太小，饭粒挪不进去。

于是，心急的萌萌想用手把洞口的土堆掰开。妈妈连忙说："宝宝，蚂蚁会有自己的解决办法的，我们再给它们一点时间耐心地等一等。"看见小蚂蚁们把堆在洞口的饭粒一点一点地分成好几块，然后再进进出出背着饭粒回家，萌萌会心一笑，她告诉妈妈这简直太有趣了。

经常让孩子观察生活中各种有趣的现象，是激发孩子兴趣的好方法。我们反复告诉他开水蒸发的原理，不如打开锅盖，让他亲眼看一看水在锅里沸腾的样子；与其告诉他光传播的原理，不如让孩子站在阳光下，找自己的影子。求知欲是孩子的动力，每当他有问题提出时，恰恰说明孩子在思考，家长要有耐心，善于发现孩子的不同之处，并给以鼓励和培养。

谷老师分享

家　长： 我邻居家的孩子很机灵，很喜欢问问题，见到什么问什么，想到什么问什么。"为什么有的豆子是绿色的，有的是黄色的？""为什么阿姨穿裙子，叔叔从来不穿？""阿姨为什么会生小宝宝，叔叔不生？""月亮为什么不会掉下来？"很多问题，大人自己也解释不清，就算有耐心，也未必能一一解答，这时该怎么办？

谷老师： 孩子喜欢问问题，说明他爱思考，愿意主动认识世界，对此，家长应该保护好孩子的好奇心，从态度上做到认真回答。如果当时实在没有时间和精力去解决孩子的问题，也要在空闲的时候，给孩子解答。遇到解答不了的，就告诉孩子等他长到一定年龄才能听懂。

就爱说"我不"

（一）

4岁的东东是个活泼好动的小男孩，没事总喜欢翻家里的衣柜，从凳子踩上桌子，妈妈每次都会说，"不要站在凳子上听见没有？""让你不要站那么高知不知道？"可是，东东依然把这些话当耳旁风，越玩越高兴，并理直气壮地说"我不。"

一天，在幼儿园里，东东从厕所出来，蹦蹦跳跳地往前一跃，用手拍打挂在水房墙上的铃铛，铃铛被拍打得乱晃，东东见了很高兴。这一幕恰巧被老师看见了，她提醒东东："不要去够铃铛，掉下来会砸到头的。"然而，东东却一脸无所谓，嘴里不停地说："我不，我不。"第二天，东东又伸手去摸铃铛，老师严厉地说："不要再去碰了，很危险。"东东还是不以为然。接下来的几天，他每路过水房都会不由自主地抬头看看铃铛，好像老师越是不让他碰，他就越想碰一碰。于是，东东一次又一次趁老师不注意时跳起来去摸铃铛，并且觉得好玩极了，一点儿也没意识到危险离自己越来越近。突然，铃铛掉下来，砸到了东东的脸上。

（二）

小悦本来是个听话懂事的孩子，可小悦的奶奶发现，孩子最近越来越爱说"我不"了，东西不愿分给其他小朋友吃，玩具娃娃不肯让其他小朋友碰，就连社区里的秋千，只要是自己先去的，都不愿意让给别人玩，非得自己占着。

有一次，奶奶接小悦从幼儿园回家，路上遇到邻居家的小妹妹，奶奶说："悦悦，把刚买的蛋糕拿出来跟妹妹一起吃。"悦悦不高兴："我不给。"奶奶很尴尬："你怎么这么不懂事呢，妹妹比你小，而且上次你还喝过妹妹家的酸奶啊，是不是？""就不给，我不。"奶奶一来觉得面子挂不住，二来认为不应该让孩子养成自私的习惯，于是抢过悦悦的书包，打开拉链，拿出两块蛋糕放在小妹妹手里。悦悦见自己的蛋糕少了一半，哇哇大哭，边哭边去抢奶奶手里的书包："我不要给，是我的。"

心理学的秘密

第二个故事中的悦悦被奶奶批评了以后，心里十分难过，从此，她把自己的东西看得更紧了，唯恐其他小朋友再从她手里把东西"抢"走。其实，当我们责怪孩子"不懂事""自私"的时候，可以站在他的角度换位思考一下。对孩子来说，他的玩具汽车就相当于你家的真车，我们都不会随意地把自家的车借给他人，又为什么要强迫孩子做到这一点呢？

3～4岁的孩子观察能力和模仿能力是很强的，每次当家长和老师对他说出"不"这个发音时，孩子就能敏锐地从他们的表情中察觉到它与其他话语的区别，次数多了，就对孩子形成了强化。渐渐地，"我不"就成了他的口头语。面对这样的情况，如果我们选择使用正面的语言，用"快下来吧，站那么高你会摔下来的"代替"不要站在凳子上",用"这样很危险"去代替"不要去够铃铛",既没有反复说"不",又让孩子知道事情可能会导致的后果,孩子就会更加愿意配合。

这么大的孩子开始进入了物权意识的敏感期,这种物权感是他与物品建立起来的关系,他有权支配属于自己的东西,家长不应该干涉孩子的选择,更不能强迫孩子。奶奶如果想让悦悦把食物分享给小妹妹,可以先征求孩子的意见:"你的蛋糕可以分给小妹妹一块吗?"如果她不愿意,就不要再强迫,更不要说孩子"小气""不懂事",因为只有当孩子知道自己的东西是可以自己支配时,他才会很乐意地拿出来,与他人分享。因为我们尊重了孩子对自己物品的支配权,所以,当他在借用别人的东西时,也会先征求对方的意见,不会强迫别人和他分享。

在3岁左右,几乎所有的孩子都会出现持续半年至一年的"抗逆期",这是儿童心理发展的一个必经阶段,心理学上称为"第一抗逆期"。

这一时期,孩子最突出的表现是:心理发展出现独立的萌芽,自我意识开始发展,好奇心强,有了自主的愿望,喜欢自己的事情自己做，不希望别人干涉自己的行动，一旦遭到父母的反对和制止，就容易产生说反话、顶嘴的现象。当孩子甩开你的手说"不要妈妈，我自己来"的时候，这就表示孩子已经开始拥有了自己的意识，他知道自己具有影响周围的人和环境的力量。

孩子这种意识的萌发是心理发展的一次飞跃。父母之所以会产生孩子变得"不听话"的心理感受，是因为习惯了孩子事事都听从于自己的摆布，一旦宝宝说"不要""我要自己来"时，父母就产生了心理落差，感到失落，认为孩子不乖了。事实上，这是孩子心理迅速成长的表现，也是他独立性和自信心发展的大好时机。

此时，儿童在动作能力方面已经有了较大的发展，他们的身体活动能力比原来更强，日常生活中的很多事情都可以由自己来完成。所以，孩子就逐渐渴望扩大独立的活动范围，不断尝试去自己去完成新的事情。他口中的"不"不但宣告了他要开始用自己的行为探索世界，而且希望爸爸妈妈能够认同自己的这种想法，并对自己的探索行为表示支持而不是限制或干涉。父母如果进行干涉，一定会引起孩子强烈的反抗。

另外，孩子的自我意识也在这时得到了发展。原本他还不能区分自己的意愿和别人的意愿，现在他们已经能够清楚地知道哪些事情是让"我"做的，哪些事情是"我"想做的。如此一来，他们就会顽强地表现自己的意志。但是这种表现往往与成年人的规范相抵触，于是孩子就会产生挫折感，从而导致反抗行为。

当然，此时的孩子因为年龄还小，所以他们无法正确地判断是否安全，而父母在看到他们从事不安全行为的时候，一定会阻止孩子。为了让自己的探索行为顺利进行，孩子就会用哭闹、撒娇来表示自己的不满，并且请求父母让自己继续进行下去。

美国心理学家卢文格认为，在幼儿的自我发展阶段中，"冲动阶段"与"逆反心理"是相关的。

在孩子的生活中，有三个方面容易与大人发生矛盾。

首先，极其渴望独立，但又缺少信任。三四岁的孩子在经历了3岁以前很多事情无法独立完成后，他们逐渐开始认识到自己的能力有了大大提高，认为自己有能力搞定各种大事小事。

他们急于表现，自己的事情一并包办。但在大人看来，一切还只是开始，并没那么容易。大人对孩子非常不信任，什么事情总要多嘱咐几次，一遍遍重复。这些不仅使得孩子产生厌烦，而且容易产生"逆反心理"。

其次，渴望去发现，探究各种事情，但又无法赢得大人理解。这个阶段的孩子充满好奇心，加上身体机能的迅速发展，他们可以比较轻松地完成以前难以搞定的动作。他们可以爬到小黑屋的窗子看个究竟，他们会去搞破坏；他们到处搞破坏，爬上茶桌，乱扔遥控机，管他三七二十一，什么东西来了先拆拆再说。因此，大人就开始下达各种命令："给我好好待着""什么也不许动""给我放下"，等等。孩子那种什么东西都要亲自看个究竟的心理，大人很难理解，有的只是强力制止。需求得不到满足的时候，孩子就竖起"反帜"，接下来就是对着干，不听话，反正我干我的，你说你的。

最后一种，希望得到赞美，但大人没有耐心。任何一个孩子都是渴望得到肯定的，这是做事情的超级驱动力，一颗糖、一句话就能让孩子高兴好一阵子。事实上，很多孩子得不到这个待遇。他们背负着期许、压力和各种学习指标，大人又希望孩子成龙成凤，要求自然就拔高了。

达不到要求，做不好事情，那是再正常不过，尤其对于一个三四岁小孩来说。但家长容易着急，更喜欢横向对比，和这家比完又跟那家比，其实，这都是缺乏耐心的表现。

处于"冲动阶段"的孩子动不动就把"不"这个词给搬出来。他们借此开始否定大人的观点，不再言听计从。这就是一种存在感，以此来获得大人的尊重。他们"翅膀长硬了"，向大人"亮肌肉"，言下之意：我也可以，别小瞧了我。当孩子进入自我发展的下一个阶段后，他们这种"逆反心理"的表现就会不断减少。"逆反心理"是一个正常现象，在不同孩子身上会有不同的表现。

独立自主的孩子表现出更多的"逆反心理"，他们思维发展比较好，很有自信，认为自己的观点、行为没有错误。他们常常会以一种怀疑的态度去看待一切：这不行，那不行。一旦认为自己没有错，想改变他们的想法，那是难上加难。

许多家长都希望自己的孩子能够听话，可事实上，反抗未必就是坏事。根据1948年美国《儿童发展》杂志里一篇调查报告显示，那些表现"沉默、顺从、无抵抗意识"的学龄前儿童往往是长期处于家长控制之下的，他们对周围的世界没有好奇心，不愿意与同伴交流，没有探索和创新精神。1991年，该杂志以青少年为调查对象，再次从社会学和心理学角度揭示了孩子的教育模式与其性格特征的关系，得出"在行为举止上更符合成年人要求、更顺从的孩子，通常是因为在家中受到了压制"的结论。

极度控制会使孩子逐渐走向另一个极端——极度叛逆。当孩子的要求、意愿得不到满足和实现时，他便会将内心长期积累的愤怒转化成好斗行为，这是唯一能使他具有控制感的方式。父母的过度管制令孩子产生了无助感，为了证明自己的力量，孩子会继而挑起事端，叛逆行为急剧上升。

因此，当发现孩子有说"不"的瞬间，妈妈就应该意识到自己的孩子长大了。我们可以根据他提出的合理要求进行鼓励，将选择权交给孩子，让他从小养成独立的习惯，不再任何事情都依靠大人。

谷老师分享

家　长：我家宝贝以前可听话了，一到3岁，就像变了个人似的，动不动就说"不"，让她穿裙子，她说"不"，让她吃水果，她说"不"，我感觉自己越来越没有耐心带她了，该怎么办才好？

谷老师：这时，我们不必急于坚持自己的想法，而是可以拿出两种不同的方案让孩子选，让他自己做决定。这会使孩子有一种自己拿主意的感觉，使行动执行起来比较容易被孩子接受。

"电子保姆"

（一）

随着电子产品的普及，父母好像终于从孩子的哭闹中解脱了出来，因为只要丢给孩子们一个iPad或者手机，孩子们总会被电子产品所吸引，电子产品成为名副其实的"电子保姆"。多多的妈妈是一位新时代辣妈，事业繁忙的她总是没有时间陪多多，为了安抚哭闹的孩子，妈妈经常会在多多哭闹时把iPad给她玩。刚开始，多多妈妈还很高兴，认为孩子喜欢看动画片，这个方法刚好能让她安静下来。过了没多久，妈妈发现多多有些不对劲，她不像以前那样喜欢和别人交流，说话也有些不利落。

妈妈有些着急，她开始咨询医生，医生告诉她，这可能是电子产品依赖症。经过医生的解释，多多妈妈才知道，原来孩子之所以一直盯着动画片，是因为这个年纪的孩子是以形象思维为主，他们有了解世界的好奇心，没有家长的陪伴，所以只能通过动画片去了解世界。

妈妈决定不再让多多碰电子产品，但是突然中断了"电子保姆"后，多多出现了狂躁等不良情绪。妈妈再次向专家请教，专家称多多的反应为"戒断反应"，对待孩子的电子产品依赖症，不能粗暴地一刀切，要慢慢来。多多妈妈听从了专家的意见，在接下来的时间里，先是继续让多多接触电子产品，但是却暗中减少多多玩电子产品的频率和时间。另外，妈妈也不再对着多多发火，而是以"同理心"来面对多多遇到的问题，和多多一起玩她爱玩的电子游戏，看她爱看的动画片，还与多多一起讨论。在多多减少电子产品使用的情况下，妈妈也经常带着女儿出去玩或者参加一些其他活动，以此来转移多多的注意力。

经过一个多月渐进式的治疗后，多多终于摆脱了"电子保姆"。通过这件事，多多妈妈也认识到，再昂贵的电子产品也比不了父母的陪伴，孩子只有通过与家长的言语、肢体交流，才能建立起对世界的真正认识。

（二）

如今，电视机早就已经成为家庭的必需品，许多小孩都很迷恋电视。现在年轻的爸爸妈妈们都知道电视的危害，一般不会让孩子长时间看电视。但是如果是爷爷奶奶、姥爷姥姥照顾孩子的话，孩子就容易形成爱看电视的习惯，因为老人太疼爱孩子，会尽量满足孩子的要求，而且他们对电视的危害性也不够重视，孩子看电视的时间就会相对延长。

嘉嘉的爸爸妈妈工作都很忙，所以白天的时候，嘉嘉总是和爷爷奶奶待在一起，奶奶爱看电视，尤其是电视剧，嘉嘉也经常和奶奶在一起看电视。过了一段时间，嘉嘉的爸爸妈妈发现孩子对任何事情都提不起兴趣，但是只要电视机一打开，他马上就会兴奋地跑过去看电视。有的时候家里来了其他的小朋友，他也不去和这些小朋友一起玩，最多看看他们，然后仍然是一个人坐在电视机前，沉浸在自己的世界中。

于是，妈妈尽可能地减少看电视的次数，经常带孩子去公园、超市，让他多接触大自然，与其他小朋友一起玩耍。一旦孩子想要看电视，妈妈就会拿出他喜欢的玩具或故事书，陪孩子玩游戏、讲故事，分散他的注意力。现在，嘉嘉不再那么痴迷电视了，他更喜欢和爸爸妈妈还有其他小朋友一起玩。

很多孩子喜欢看电视，有些家长也很乐意把孩子交给电视"看管"，因为孩子在看电视的时候都是安安静静的，不会给家长添麻烦，家长会轻松很多。但是我们要提醒所有的家长，电视可不是一个称职的保姆，它会对孩子产生很多负面的影响。

说起孩子的"电视瘾"，刘妈妈也很苦恼。她抱怨说孩子最喜欢在吃饭的时候看电视，本来20分钟就可以吃完饭，他非要磨蹭着吃40分钟。有的时候如果关着电视他就拒绝吃饭。孩子离不开电视的习惯真让人犯愁。

后来，在老师的建议下，刘妈妈开始规定孩子每天打开电视的时间，例如动画片是晚上6点开播，6点40分结束，妈妈就会将吃晚饭的时间提前到5点半。为了能看到6点的动画片，孩子会乖乖地把饭吃完。并且规定，他只有一个小时的时间看电视。时间一长，孩子就渐渐养成了在规定时间看电视的习惯。

心理学的秘密

电视是一个单向传播信息的传播方式，在看电视的过程中，孩子不需要思考，这对他的成长是十分不利的。电视所传播的信息大多是跳跃式的，孩子只能从中得到一些零散的、不系统的知识；而且任何一个学习过程都伴随着思考，电视却不会给人留下思考的空间和时间，长此以往，孩子的想象力和创造力就会下降，最终孩子也会因此失去读书和学习的兴趣。

孩子沉湎于电视这种让人被动接受的媒体，会讨厌自己思考，不喜欢用语言表达自己的想法，只喜欢用眼睛看、用耳朵听。如此循环往复，孩子的语言发育就会出现问题。因为语言发育必须通过与别人沟通才能完成，只是被动的看和听是无法学好语言的。如果孩子把大量的时间用在看电视上，那么，他与外界交往的机会就大大减少，长时间的独处也会使孩子的心理发育产生障碍。

另外，电视画面的更新速度很快，这些画面不断刺激孩子的视觉神经，孩子接受的刺激强度过大，很容易使情绪受到影响。比如当孩子在电视上看到血腥和暴力的画面时，孩子可能产生不安和恐惧，这种负面的情绪会影响孩子相当长的时间。如果家长没有对电视节目进行筛选就把孩子放到电视跟前，这就更可怕了。因为孩子是最善于模仿的，他们还不懂得区分好与坏，也不清楚自己模仿的东西有什么意义，因此他们很可能去模仿电视中的一些暴力场面，而这些会影响他们未来的行为模式。

此外还有研究发现，爱看电视的孩子兴趣单调。如果孩子长期坐在电视节前面，外界的事物很难引起他的兴趣，带他去学习画画、弹琴、下棋等，他经常会半途而废。这是因为培养兴趣的过程是一个艰苦的学习过程，而看电视却是娱乐消遣的过程，会让孩子的精神长期处于松散的状态，两相对比，孩子必然对这些需要付出脑力和体力才能获得的知识和技能产生排斥。

孩子迷上看电视后，不仅有损视力，对身体的其他方面也会产生不良影响。消化功能不好的孩子，长时间坐着不动看电视会发展成厌食，不利于生长发育；而消化能力很强的孩子，吃饱后坐着不动就会发胖。

为了打赢与电视抢孩子的争夺战，爸爸妈妈必须要想出一些比看电视更有趣的事情才能吸引孩子的目光，那么什是最有效的对抗电视的"武器"呢？

其实少看电视这件事情，预防更重要一些。如果少看电视的行为从孩子很小的时候就开始做起，实现起来就容易多了。家长如果在孩子小时候就纵容他无度地看电视，甚至主动把孩子交给电视去哄，想着"以后上学了孩子就不会再看电视了"，这就大错特错了，这种做法其实是在无形中给孩子的未来设置了一个障碍。

从小培养孩子的阅读习惯，就可以有效地防止孩子日后沉迷于电视中不能自拔。研究表明：学龄前经常看电视的孩子和经常阅读的孩子相比，上学后智力差别很明显。孩子从小喜欢阅读，智力会发育得更优秀，也更容易对其他事情产生兴趣；同时他的思想也会更成熟、更理性，能够分清事情的轻重缓急，不舍得让看电视浪费自己的时间。

《好妈妈胜过好老师》的作者尹建莉老师是这样解决孩子的看电视问题的：在孩子很想看的时候让孩子心安理得地去看，不要让孩子一边看一边心里有负罪感；但是平时家里很少开电视，家长也能用行动来给孩子做出榜样。

尹老师的女儿圆圆在小的时候，妈妈就不断地引导她，让她爱上了阅读。书本里面的故事可以让孩子思维活跃，更加富有想象力。爱上阅读的孩子不会沉溺于电视节目当中，因为阅读能够带给她思考的乐趣，这是电视所不能代替的。当家长成功地引导孩子把兴趣转到阅读的时候，孩子的心是不会被电视控制的，此时阅读已经成为他内在的一部分，电视的吸引力就大大减少了。家长要努力做到不去控制孩子的行为，而是引导他的内心，让他能够自觉地拒绝电视的诱惑。

除了阅读之外，大自然也是对抗"电视瘾"的有力武器。大自然能够为孩子提供丰富多彩的视觉、听觉、嗅觉和触觉刺激，是孩子认识世界的一本天然教科书，没有一个孩子能够抵抗大自然的诱惑，它带来的感觉是生动直观的，这一切都比电视上那个看得到摸不着的世界更生动有趣。

可是一提到大自然，许多父母的脑海里首先浮现的就是大森林、连绵的山脉等，然后就会提出一堆不可行的理由。"工作太忙，哪里有时间带孩子旅游呢？"或者"孩子太小，受伤了可就得不偿失了！"

其实，接触大自然并不是非得全家出动去一个风景名胜区才可以。对于经历丰富的爸爸妈妈来说，小区的花园也许算不上什么风景，但是它对于刚刚开始认识世界的孩子来说却是一个充满神秘色彩的世界，这里有花草树木，有蓝天白云，完全可以满足孩子走进大自然的愿望。

另外只要父母动动脑筋，还可以把大自然带回家。不时地在家里插一些新鲜的花束，也可以在阳台上种植一些绿色植物，养上几尾金鱼。买回来的蔬菜水果，甚至在海边捡到的贝壳石头，都可以作为大自然的一个部分呈现在孩子眼前。当孩子忙着照顾那些生动的动植物的时候，当孩子每天关注这些生物又有什么新变化的时候，孩子哪里还有时间去看电视呢？电视中那些只能看的鱼，怎么可能比眼前这些可以接触的小鱼更有吸引力呢？

家长完全可以开动脑筋，通过仔细观察孩子的特长和爱好，按照孩子的天性去引导，把孩子的兴趣内化为他的习惯，这样他一定能够抵抗住电视的诱惑，因为对于有自己的兴趣的孩子来说，那些爱好可比电视有趣多了！

谷老师分享

家　长： 我女儿可喜欢看电视了，每次在电视机前一坐就是一下午，别的小朋友来找她玩她都不去。孩子这么小就长时间盯着荧光屏，我担心对她的视力有影响，也不利于她和其他小朋友相处。但孩子根本不让关电视，该怎么办？

谷老师： 孩子在这个年龄段主要以形象思维为主，所以他们会格外喜欢童话、动画片。其实，对于看电视上瘾的孩子，家长一定不要采取强行制止的方式，我们可以循序渐进，不动声色地帮助孩子把兴趣转移到其他事物上来，等孩子有了新的爱好，自然就会慢慢远离电视的控制。首先，家长应该规定孩子每天看电视的时间，另外，对电视节目也要有严格限制，只让孩子看有教育意义的动画片和儿童节目。当然，爸爸妈妈也可以和孩子一起去参加一些活动，培养共同的兴趣，不仅可以转移孩子对电视的注意力，还可以增进和孩子之间的感情。

干什么事都磨磨蹭蹭

幼儿园的故事

很多家长都抱怨孩子做事磨蹭，大人明明已经急得不行了，孩子却依然慢吞吞的，实在让人难以忍受。舟舟就是这样一个爱磨蹭的小朋友。

与其他孩子的磨蹭不太一样，有的孩子是干一件事情动作慢，舟舟则是做一件事情的同时还分心关注别的事。一会儿搭个积木，一会儿看见漂亮的图案，就过去摸一摸，一会儿又摆弄一下拼图……好像对每件事情都好奇，但每次都是"三分钟热度"。以前没上幼儿园睡得晚没关系，上了幼儿园以后，孩子每晚都磨蹭到很晚，结果到了第二天就不愿起床，以致动作更慢，最后只能迟到。

186

　　刚开始，妈妈这样激励舟舟："宝贝，你动作快一点我们就有更多的时间听故事、看动画片了。""好。"孩子答应得很爽快。于是，每天晚上，孩子如果动作快，她就能听到一个或两个故事，动作慢，就少讲故事或者不讲故事。可有时，孩子动作慢，但还是会吵着、闹着要听故事。妈妈这时会坚持自己的原则，任凭孩子怎样哭闹，都不做任何让步："自己答应的事要说话算话，明天动作快就可以有奖励。"

　　经过几番斗智斗勇，舟舟不再哭闹了，但却学会了耍赖："我说话就是不算数。"为了改掉孩子无理取闹的行为，妈妈首先让自己做到说话算话。这之后，舟舟哭闹次数减少了，耍赖也没了理由。如果动作还是很慢，她反而会知趣地安慰妈妈："明天晚上再讲故事吧。"

　　让妈妈疑惑的是，看起来很容易完成的事情，为什么孩子来做就这么磨蹭？后来，妈妈从一位学心理学的朋友那里了解到，幼儿做事情的速度通常是成人的5～10倍，这个时候，他们的注意力很容易被其他"更有意思的"事情所吸引，又因为自己控制能力差，所以常常还在做这件事情的时候，同时又忍不住去关注另外一件事。难怪，妈妈说舟舟小朋友自己也会很纠结:"我也想动作快,但我就是想玩儿。"

在朋友的建议下,妈妈又想了一个妙招,让孩子与时间"赛跑"。每次,当舟舟需要完成一个任务前,妈妈都会规定,要在时钟的长针指到的位置前做完。

这天,妈妈跟舟舟说:"长针指到'6'时就洗完澡、洗完自己的小裤衩就可以讲故事。"舟舟嘟着小嘴,这儿晃晃,那儿瞧瞧,想跟爸爸妈妈讨价还价玩一分钟,都被拒绝了。为了让孩子加快速度,妈妈又提醒了三次:"说好了长针过了'6'就不讲故事了,你自己同意的,一会儿可不要哭闹耍赖皮。"

没想到舟舟却愈演愈烈:"你要是这么说,我就不洗澡了。"但妈妈却无所谓:"你不洗就不洗,又不是给我洗的。"舟舟不服气:"那我就把屋子搞乱!""没关系,谁搞乱的,谁收拾。"妈妈说。"那我就把不给你贴小贴画。"舟舟以自己平时奖励给妈妈的小贴画作为"威胁"。"没关系,我不要你的小贴画。""那我就把你的小贴画收回来!""那好,我现在就给你。"妈妈边说边把衣服上孩子奖励给自己的小贴画撕下来。

舟舟这时急了，虽然已经不像之前那样哭闹，但眼泪还是掉了下来。她自己默默地收拾衣服去洗澡，虽然动作比之前快了许多，但洗完澡后时间已超过了规定的时间。舟舟眼泪汪汪地走到妈妈面前："刚才我错了，你能给我讲故事吗？""那你先说说，自己错哪儿了。""我不该跟你吵闹。""宝贝，其实你刚才的行为也不算吵闹，而是错在自己的事情没有抓紧时间做，我们要说话算数，今天是不能讲故事了，但妈妈可以陪你聊会儿天。"孩子点点头："好吧。"现在，虽然舟舟爱磨蹭的毛病还是会出现，但已经比之前好很多了。

心理学的秘密

据儿童发展心理学研究，对于看书、写作业等这类需要集中注意力的事情，3~4岁的孩子最多只能保持3~5分钟，5岁的孩子可以做到集中10分钟，6岁的儿童平均的注意力时间也只有不到15分钟。

学前儿童的注意力往往和周围的情境、个人的情绪相联系。他们对外界新奇的、强烈的刺激易产生注意，这种注意很不稳定。比如一个3岁左右的儿童正在玩心爱的小熊猫，忽然一个红红的小皮球滚了过来，他会马上抓起小皮球玩起来，把小熊猫丢在一旁。随着年龄的增长，儿童的注意力会逐渐稳定。

对于孩子来说，长时间地集中注意力做某一件事情，实在是一件很困难的事情。但是，如果和同龄的孩子相比，孩子的情况更严重而且普通的教育方法也不见成效，那么就需要引起家长的注意了。

注意力是决定智力高低的重要因素，只有注意力集中，才能较好地学到知识和技能。可是有些家长把孩子不集中注意力做功课当成是孩子的淘气，认为小孩子淘气好动是自然天性，所以对这一问题采取不重视、不管教的态度，久而久之，孩子就会养成注意力分散、做事拖拉懒散的习惯，而当不良影响充分显现出来后家长才意识到必须让孩子提高注意力，可那时候已经晚了，因为坏习惯一旦形成后，要想改掉就是件很费力的事了。所以，要趁早培养孩子注意力集中的习惯。但如果孩子已经形成学习时注意力分散的坏习惯了，怎样才能纠正孩子这一坏习惯呢？

1. 不要陪孩子读书

大多数教育专家都不赞成家长陪孩子读书，因为家长总会情不自禁地敦促孩子不要这样做，而要那样做。这些时断时续的语言刺激，更易于分散孩子的注意力。同时，也会让孩子对家长产生强烈的依赖性。

2. 给孩子一个明确的完成作业的期限

培养孩子的时间紧迫感，慢慢地让孩子形成学习规律。有了明确的任务，孩子学习时有了动力，才能保持紧张的状态。但是不能要求孩子长时间做同一件事。

3. 为孩子营造一种良好的学习氛围

许多孩子注意力不集中，主要与家庭环境有关。因此，当孩子学习时，室内一定要保持安静。此外，要注意排除干扰孩子学习的因素。许多孩子习惯边听音乐边写作业，这是一种不好的习惯，是分散注意力的诱因。

4. 适时解除孩子内心的忧虑

当孩子心理压力比较重的时候，孩子的注意力就无法集中，所以家长要及时排解孩子内心的焦虑。

谷老师分享

家　长： 我发现我家孩子最近注意力很不集中，每次教他写字，他都东倒西歪地趴在桌子上，一会儿看看窗外的小鸟，一会儿把笔咬在嘴里，一会儿又掰一掰橡皮。幼儿园老师也反映孩子上课不专心，眼睛总是盯着窗外。可为什么一看动画片，他就那么专心？

谷老师： 这个年龄阶段的孩子会把注意力放在他感兴趣或者好奇的地方，动画片是他的兴趣所在，所以他会专注在这件事情上。孩子的注意力往往和周围的环境、个人的情绪有关，他们容易受到外界新奇、强烈的刺激产生注意，但这种注意很不稳定，随着年龄的增长，孩子的注意力自然会逐渐稳定。

家　长： 我家孩子做事很磨蹭，很追求完美，比如一件换下来的衣服，她也得叠得整整齐齐，可我们大人会觉得，反正一会儿就要洗，何必叠那么仔细。这样的问题要怎么解决？

谷老师： 几乎所有的家长都认为自己的孩子磨蹭，可见，这是一个共性而不是一个问题。孩子才是真正活在当下的，大人对事情有预见性，所以才会有各种担忧。对孩子来说，他们只关注此时此刻，那种感觉非常美妙，大人都应当向孩子学习。这就是孩子认真的表现，家长千万不要把孩子的认真当磨蹭，每当这个时候，我们应该鼓励他："哇，宝宝，你叠得真好，你怎么这么认真啊！"看到他在这件事当中的最亮点，赞美他，孩子就会变得越来越认真。

见到什么都想要

一天放学，妞妞和妈妈在街边看见了好看的编织花篮，妞妞拖住妈妈要买，"妈妈，我想要那个。"虽然编织花篮的价格不贵，也的确做得很好看，但妈妈不想让孩子感觉到，自己想要什么都能得到。就试着跟孩子商量："宝贝你看，你的压岁钱就那么多，我们要么买好看的衣服，要么买童话书，如果我们买编织花篮，那可能就没钱买这些东西了，你觉得呢？"妞妞想了想，觉得妈妈说得有道理，就答应只是看看，把压岁钱留着买其他的东西。

心理学的秘密

对于3~4岁的孩子来说，"占有欲"是一种正常表现。这种"占有欲强"的现象在1岁前和3岁后的孩子中较为少见。因为1岁前的儿童，以个体活动为主，自我意识发展不够，还不能区分自己和客体的区别，可能会抢玩具，也可能会主动给别人。而3岁后的儿童，自我意识已经有了一定发展，能清楚地区别主体和客体的关系，而且头脑中已经有了"我的""你的""他的"概念，懂得玩别人的玩具需要借。

这个阶段孩子的典型表现是占有欲很强，把"我""我的"挂在嘴边，时时刻刻都特别关注自己的物品的所属权，会跟别的小朋友争抢玩具，喜欢把属于自己的东西寸步不离地带在身边。

在该时期的儿童眼中，在他周围的一切，凡是他所看见的，都是属于他的，他通过对物品专属的占有权，通过不断地宣示"我""我的"，建立起强烈的自我意识，通过对物品的占有，巩固巩固自我认同并增强安全感。

孩子对事物的认知还处于初级阶段，他们没有现实感，不知道哪些东西是可以得到的，哪些东西不能得到，哪些东西的价格贵，哪些东西的价格便宜，所以往往会提出在大人看来很无理的要求。这时，我们不妨给孩子一些选择，让他自己做出决定。

心理学家米切尔曾做过一个经典的"延迟满足"实验。实验者在孩子们面前摆上糖果，并告诉他们可以马上就吃，但是如果坚持到20分钟之后实验员回来后再吃，就可以得到两块糖果。有些小朋友抵制不住诱惑，实验员一走就把糖吃了；有些孩子决心熬过那漫长的20分钟。为了抵制诱惑，他们有的闭上双眼，有的把头埋在胳膊里休息，有的喃喃自语，有的唱歌，有的干脆努力睡觉。凭着这些简单的技巧，这些小家伙战胜了自我，最终得到了两块糖的回报。

这个实验表明，儿童抗拒诱惑和延迟满足的能力在幼儿时期就已经有所发展，并非像大人们想象的那样到上学懂事后才形成。

米切尔的这项研究是从这些孩子4岁时开始跟踪研究的，一直坚持到他们高中毕业。在12～14年后，这些孩子在情感和社交方面的差异已经非常明显。那些在4岁时就能够为两块糖抵制诱惑的孩子长大后有着更强的社会竞争性、更高的效率和更强的自信心，能较好地应付生活中的挫折、压力，他们不会轻易崩溃，自乱阵脚或者惶恐不安。面对困难，他们勇敢地迎接挑战，有自信心，独立性强，办事可靠，能够得到普遍的信任。

经不住诱惑的孩子中有1/3左右的人缺乏上述品质，心理问题相对较多。社交时他们羞怯退缩，固执己见又优柔寡断；一旦遇到挫折，就会心烦意乱，把自己想得很差劲或者一文不值；遇到压力就不知所措。此外经过跟踪调查，能够等待的孩子在学习品质上也比最早拿糖果的孩子更优秀。这项研究表明，那些能够为获得更多的糖果而等得更久的孩子要比那些缺乏耐心的孩子更容易获得成功。

儿童在18个月到3岁期间有一个非常核心的任务，就是自我意识的建立。这期间儿童会非常积极地全身心投入到自我意识的构建当中，这是儿童意识发展的一种本能。

在此期间，一旦有人侵犯了属于他的东西，比如玩具等，他就一定要争抢回来，不达目的绝不罢休，即使是他已经丢弃的玩具。这是因为，儿童在建构他的自我意识的过程中，已将"我的"物品视为他自身的一部分，当其他的小朋友触动到属于他的玩具，孩子将会感受到如同自身被侵犯般的痛苦。

从另一方面来说，孩子的占有欲强代表他自我认同感提升，这也是个好现象。家长在遇到孩子独占、争抢东西时，不要简单的归咎为孩子自私自利，采取简单粗暴的教育方式，也不宜在孩子哭闹时马上给予满足，否则孩子会以为只要哭闹就能得到满足。

那么父母要如何培养孩子的"延迟满足"能力呢？"延迟满足"不是单纯地让孩子学会等待，也不是一味地压制他们的欲望，更不是让孩子"只经历风雨而不见彩虹"，培养这项能力的关键就在于要帮助孩子形成控制、调节自己的情绪和行为的能力。说到底，就是一种克服当前的困难而力求获得长远利益的能力。

培养孩子这种能力的方法多种多样，但是针对不同年龄段的孩子应该有不同的侧重点。

对于1~3岁的孩子，父母可以跟孩子玩这样的游戏：在孩子想吃某种喜爱的糖果之前，先和孩子共同完成一个游戏，如果成绩"达标"，就奖励孩子想吃的糖果。另外，"延迟"的时间可以逐渐加长。

而4~5岁的孩子已经有了许多自己喜欢的活动，如果孩子想去游乐园，可以说："这个星期爸爸妈妈很忙，我们下周末去游乐园好吗？"孩子如果参加了舞蹈班，就应该告诉他们："每次都要认认真真地跟老师学，儿童节演出的时候你才能表演给其他小朋友看。"对于参加了棋类活动的孩子，可以告诉他们："不要着急，一步一步地下，坚持到最后你就是最棒的。"

孩子的"延迟满足"能力事实上是"自我控制"能力的一种体现。这种能力的获得，并非一朝一夕就能形成的。是否要延迟，延迟多长时间，都不是关键所在，最关键的是父母要帮助孩子形成一种认识并最终成为习惯：任何愿望都必须通过自己的不断努力来实现。

谷老师分享

家　长： 我家孩子有个特别不好的习惯，就是见到什么都想要，好看的，好玩的，好吃的，恨不得都据为己有，有时候甚至去"抢"别人的玩具。怎样才能让他改掉这个毛病？

谷老师： 小一点儿的孩子，还分不清自己和他人东西的区别，我们可以告诉他那是别人的东西，并对他的行为予以制止，不用表现出激烈的反应。大一些的孩子，我们可以让孩子学会交换玩具。另外，可以用"延迟"的方式让孩子学会适当地控制自己的"渴望"，比如"你刚才已经吃过一颗糖了，这课糖要等晚上吃完晚饭后才能吃。"

"我是从哪儿来的"

幼儿园的故事

　　一天，幼儿园的老师发现一个平时表现很活跃的孩子自己一个人躲在角落里。老师觉得很奇怪，就过去问他："聪聪今天怎么了，怎么不和小朋友一起玩？"聪聪一下就哭了出来："我问爸爸妈妈我是怎么来的，他们说我是从垃圾堆里捡来的，是不是什么时候我不听话了，他们又会把我扔回去？"老师后来问及家长，他们是否曾经对孩子说过这样的话，家长说只是和他开个玩笑。

　　对于这个年龄段的孩子来说，父母说的每一句话他们都会当作权威来相信，父母对于孩子的影响也正在于此。孩子会因为"捡来的"这句话而想到自己是不是可以偶然地来，有一天也会因为这样就偶然地消失，从而缺乏安全感，甚至会形成心理阴影。与其让孩子毫无头绪地摸索，不如提早用适合的方式为他们做出解答。把生命形成的整个过程完整地说给孩子听，让他一想到自己是怎么来的就会感到温暖。

心理学的秘密

三四岁儿童是具体思维者，他们总是运用已经知道的、见过的和听过的事物来思考问题。研究发现，当孩子被告知"一颗种子种在妈妈身上"时，他们竟然真的去画植物在妈妈身体里边成长；告诉孩子宝宝是在妈妈肚子里长的，可能会吓住一个把"肚子与食物和吃"联想在一起的孩子，或许还会引起他们的惊奇：为什么爸爸也有肚子而不会生宝宝？

儿童发展心理学家认为，大部分5岁左右的儿童能够知道动物和人类的子代来自同种亲代，能够判断孩子与父母在生理而不是心理特征方面相似，并且理解这种相似是由出生造成的。一些研究也证实，对幼儿园和小学低年级的孩子进行指导，以丰富他们的生命遗传和繁殖的概念，是没有问题的。

每个孩子自出生开始都对自己从什么地方来这个问题深

感好奇，提问者的年龄不同，提问对象不同，答案也是多种多样。

多数时候，孩子都是向父母提问，而父母常常会感到尴尬含糊其辞地说"你是从垃圾桶里捡来的""你是装在篮子里从小河上游游下来的""你是被天鹅叼来的"等诸如此类的答案。

对父母而言，这或者只是一个用来应付孩子的玩笑话，但对孩子来说，在他们的世界观、判断力还没有完全形成之前，这样的话很可能会使他们受到伤害。

许多孩子会对自己出生的细节好奇而究根问底。家长这样告诉他，既能在说明事实时表达自己对于孕育他的幸福、孕育的辛苦，也能让孩子从小就拥有一颗感恩的心。感受爱的过程，并且了解真相，这样一次经历对于家长和孩子都是一次成长的经验。

下面是一个妈妈的回答：

"爸爸身体里有许多小鱼鱼，这些小鱼鱼叫作'精子'，妈妈身体里有个小泡泡，叫作'卵子'。当这些小鱼鱼遇到小泡泡时，都争先恐后地冲向小泡泡。那个身体最强壮、反应最灵敏、跑得最快的小鱼鱼冲到了小泡泡的跟前，一下子钻进了小泡泡的身体里。现在，小泡泡和小鱼鱼共同组成了一个新的细胞，叫'合子'（受精卵），这个新的细胞只有铅笔尖那么大。于是，妈妈怀孕了。慢慢地，这个细胞越长越大，长成了一个小宝宝。所以，每一个孩子都是最棒的，因为在成千上万的小鱼鱼中，只有跑得最快的冠军小鱼鱼才能和小泡泡结合在一起，长成爸爸妈妈的宝贝！小宝宝住在妈妈的肚子里，依靠脐带从妈妈体内汲取营养。他长得越来越快、越来越大，妈妈的肚子再也住不下了。小宝宝现在很想从妈妈的肚子里出来，看看亲爱的爸爸妈妈，看看外面的世界，再换一间大屋子，于是，他开始使劲儿了……哎呀呀，妈妈的肚子开始痛了。妈妈使出全身力气，宝宝也使劲儿往外钻，终于，随着一声嘹亮的啼哭，宝宝出生了！"

如果家长还在为此感到苦恼，那么不妨看看以下几点建议。

首先，要用正确的心态解答孩子的问题，不要欺骗，不要敷衍。

其次，可以采取比直接回答更好的方式来解答，例如将答案用童话的方式或者充满爱意的故事传达给孩子，也可以结合趣味横生的图案。

最后，可以让孩子通过科学书籍了解生命来源的具体细节，并寻找良好的时机，结合你自己亲身感受，或许是剖宫产，或许是自然分娩，告诉他并完全表达你的爱，让他因了解而不再有疑问，不再有困惑，并且充满勇气。

谷老师分享

家　长：我家孩子从小跟着爷爷奶奶的时间比较多，可能是爷爷奶奶的邻居老跟孩子开玩笑，总说他是"从垃圾桶里捡来的"，孩子就问我："妈妈，他们说我是从垃圾堆里捡来的，是不是？"我要怎么解释他才能理解呢？

谷老师：很多家长都对解答这个问题有顾虑，我的建议是说实话，不要欺骗和敷衍孩子。我们可以用比较直接的方式来解答，例如将答案用童话的方式或者充满爱意的故事传达给孩子，也可以结合趣味横生的图案，比如百科全书。最主要就是让孩子感受到父母对他的爱。

给孩子留个涂鸦墙

（一）

一天，鹏鹏正在喝酸奶，喝到一半时，孩子发现酸奶可以通过吸管挤出来，就把酸奶倒过来，满屋子洒。爷爷看见了，不但不说小孙子，反而拿出手机给宝贝录像，觉得这是孩子特别有趣的行为，不应当阻止。结果，妈妈一回家才发现大事不妙，家里的鞋子、电视机、床单上全是鹏鹏挤的酸奶。事实上，给孩子一个自由发展的空间，让他发挥自己的想象力和创造力，这并没有错，但我们不能矫枉过正。也就是说让孩子做自己，但又不能超过一个限度。

一位妈妈跟我们分享了这样一个故事：

小清和小扬是双胞胎姐弟，4岁生日那天，妈妈答应孩子每个人可以去商店里挑选一样自己喜欢的礼物。小清是妹妹，她喜欢洋娃娃，在商店转了好大一圈，才选中一个40块钱的娃娃。轮到小扬了，男孩子喜欢车，所以挑选了一款800元的遥控汽车。妈妈有点不高兴了，她认为800元太贵了，孩子还小，不应该挑选这么贵的礼物。刚想说服小扬，就被爸爸拉住了，他觉得，既然大人说过让孩子自己选择，那么就把选择权交给孩子。

（二）

在幼儿园的特长班里，老师要求每个小朋友把自己喜欢的动物画出来，并在上面涂上颜色。

舟舟画的是一匹马，画好后，她将小马涂成了蓝色，然后又在马背上画了一对小翅膀。但是，舟舟的画并没有得到老师的表扬，原因是"马不是蓝色的，也没有长翅膀"。老师的话让孩子很委屈，回到家后，妈妈把那张皱巴巴的画从女儿书包里找出来，陪着她一起欣赏这幅画。

"宝贝，为什么你给小马涂上了蓝色？"妈妈问。"天空是蓝色的，我喜欢蓝色，蓝色好看。""那为什么小马有翅膀？""我想让它跑累了就能飞起来。"孩子的回答让妈妈觉得十分欣喜，她鼓励宝贝："原来是这样，舟舟真棒，这样吧，我们周末去趟动物园，看看真正的马长什么样子。"妈妈知道，孩子只是从书上见过马的模样，便决定周末带孩子去动物园见一见真正的马。

舟舟见到小马后失望了："马不是蓝色的。"妈妈安慰孩子："虽然真正的马不是蓝色的，但谁也没有规定一定要把它画成什么颜色啊，只要你喜欢，画上的马可以是任何颜色的。"妈妈呵护住女儿的想象力，不希望她被锁在固定的"框架"里，想象力被一点一点扼杀。

心理学的秘密

美国某公司的纽约总部，大厅门口是一个漂亮的鱼缸。鱼缸里有十几条热带鱼，它们长约3寸，脊背是一片红色，头很大。这些小鱼一直在鱼缸中生长，时而游玩，时而休息，过得相当快乐。但奇怪的是，两年过去了，小鱼的个头却几乎没有任何变化。

一天，鱼缸不小心被员工打碎了，为了让小鱼存活下去，大家暂且将它们放进院子里的喷泉中。结果，仅仅两个月后，小鱼从原来的3寸长到了1尺！

对于鱼的突然长大，人们议论纷纷，有的说可能是因为喷泉的水是活水，有利于鱼的生长；有的说喷泉里可能含有某种矿物质，促进了鱼的生长；也有的说那些鱼可能是吃了什么特殊的食物。但事实上，这些原因的共同的前提是，喷水泉要比鱼缸大得多，这就是有名的"鱼缸法则"。

因此，作为家长，我们应该意识到孩子的需求，并随着孩子的成长给予他们更多的控制自己生活的自由。

每一个孩子都是一棵需要浇灌和修剪的树苗，它们需要温暖更需要自由的成长空间。父母不要总是以自己的意愿来规划孩子的人生，不要总是限制他们，不许碰这儿不许碰那儿。在保证孩子安全的前提下，我们可以适当地放手让他们接触大自然。

3～4岁的孩子对外界事物具有强烈的好奇心，所以，对于他们提出的问题，父母应该让孩子自己去探索，培养孩子的观察力、想象力和创造力。让孩子接触到各类事物，让他们自己去体验形形色色的世界。

心理学家怀特曾做过一个测试儿童自我学习动机的实验。他发现，当把一套叠在一起的茶杯交给3岁儿童时，即使没有人指导该如何玩，孩子们也能自己摸索出各种新奇的玩法。有的会把它们当作积木堆成一座山，有的会把茶杯横放在一起排成一列小火车，还有的小朋友会玩"过家家"，假装用杯子喝水。可见，"人类具有自主学习、解决问题的内在需要"。

当然，给孩子自由的空间并不是说他们想做什么就做什么，这个自由不是无限度的，是在一定规范之类的自由。宝宝想要自己做决定时，就把选择权交给他；宝宝想要自己玩时，就给孩子自己独立的空间。

谷老师分享

家 长：我女儿特别喜欢画画，上周，她在幼儿园画了一棵蓝色的树，树上结满了心形的果实，孩子本来以为会得到老师的表扬，结果老师并没有表扬她。女儿回来后挺失落的，后来我就鼓励她，让孩子发挥自己的想象力，不用拘泥于一种形式。

谷老师：3～4岁的孩子对外界事物具有强烈的好奇心，所以，父母应该给孩子一定空间，让他自己去探索，培养孩子的观察力、想象力和创造力。当然，给孩子自由的空间并不是说他们想做什么就做什么，这个自由不是无限度的，是在一定规范之类的自由。宝宝想要自己做决定时，就把选择权交给他；宝宝想要自己玩时，就给孩子自己独立的空间。

总和别人打架

鹏鹏3岁了，有一个不太好的习惯，一有不如意，就会上手打人。

这天，鹏鹏骑着玩具小马在楼下花园的小径里穿行，看见天天挡着自己的路，二话不说就在天天背后使劲儿拍他的背。天天莫名其妙，依然站在原地没动，鹏鹏急了，推了天天一把，僵持中，天天回过头突然甩手给了鹏鹏一巴掌。鹏鹏没有丁点犹豫，也没有向妈妈求助，而是跳下玩具小马走过去，用手重重击了天天肩膀一拳。然后像什么事都没发生过一样，继续骑着玩具小马离开了。

心理学的秘密

许多宝宝的家长都会有"孩子动手打人"的烦恼，这是因为孩子有"暴力倾向"吗？关于这一点，儿童心理学家做出了解释。

3～4岁的孩子到了动作敏感期，往往喜欢用打人的方式表达自己对他人的喜爱。宝宝这种看起来具有攻击性的行为，事实上并无恶意。孩子的语言能力有限，很多想法和要求说不清，不知道如何表达自己的爱，所以，就通过"打"这种最直接的方式与同龄人交流。

当宝宝A从宝宝B手中抢过玩具时，其实A的目标仅仅是玩具，而不是伤害B，这是工具性攻击，是常见的早期儿童的攻击类型。从两岁半到5岁，宝宝更喜欢开始争夺对玩具和个人领地的掌控权。一般在社会性游戏中，爱打架的孩子也是社会性倾向最强的孩子。

同时，他们也开始展现出比较好的自我掌控能力，开始尝试使用语言解决问题。之前的身体攻击变成了语言沟通，能够从对方出发，设身处地地解决矛盾争端，同理心也大大增强。总体攻击行为减少了，但敌意增加了。

另外，随着孩子年龄的增长，尤其是孩子能够自己走路和说话之后，很多家长就不再像宝宝小时候那样去关注他们的每一个动作和表情了。而此时，孩子对家长关注的需求却丝毫没有减少，对于家长的"冷落"，孩子难免会产生失落感。

如果孩子偶尔一次打人被父母发现，父母大多会开始教育孩子打人是不对的，但是孩子却会慢慢观察到，打人原来是吸引家长注意的一种方式，只要他有打人的行为，就可以成功地获得父母的关注。因此，打人的行为就成了孩子吸引家长注意力的一种方式。所以，在这种情况下，家长最应该做的就是教会孩子正确地表达自己的爱，而不是把注意力放在孩子打人这种行为上，这样，孩子就不会用这种手段来吸引家长的注意了。

20世纪中期，美国心理学家艾伯特·班杜拉进行了一系列著名的"充气娃娃"实验。在其中实验中，班杜拉为儿童们呈现了打充气娃娃图片、动画人物打充气娃娃、真人打充气娃娃三种不同的情境。面对这些情境时，孩子们嘴里会喊出"打他""揍他鼻子""把他扔到外面去"等语言。之后，儿童会被安排单独与充气娃娃相处，结果发现，无论是看过图片、动画还是真人打充气娃娃的儿童，其攻击行为都比没有看过那三种情景的儿童要多2倍以上。可见，让孩子远离暴力情境能减少儿童的攻击行为。

孩子"打架"的原因其实都很简单，他们也没有大人想象的那么柔弱，那么容易受伤。家长如果为了保护孩子，在矛盾激化前就把他强行带走，不但不会让孩子学会保护自己，也会使孩子错失与同伴协调、解决冲突的机会。当孩子不知道如何处理自己与同伴间的矛盾，他又如何学会与小朋友友好相处？

面对很多矛盾，孩子都是有办法处理的，我们要给他沟通的机会。

有一次，球球带着两个小朋友来家里玩电子游戏，可是游戏手柄只有一个，于是三个小朋友互不相让，你争我夺抢着要自己玩。妈妈在一旁看着没吭声，想看看孩子们是怎么解决的。球球说："我们来玩'石头、剪子、布'，谁赢了谁就第一个玩。"大家想了想说："好。"于是接下来，三个人又用同样的方法决定谁排第二，到下一轮时，三个小伙伴再轮流排序。三人一起协商，冲突就化解了。

每个孩子的性格不一样，对于比较内向、柔弱的小朋友来说，让孩子自己解决问题未必就是好方法。

妞妞是个很听话的孩子，每次在幼儿园被同学"欺负"时，要么就找老师，要么就不说话，即使被其他孩子打了也不还手，默默把委屈咽在肚子里。老师把这一情况反映给家长后，妈妈很惊讶，她一直都教妞妞凡事学会谦让，却没想到竟让孩子在遇到别人的侵犯时，失去了反击的勇气。

于是，妈妈开始帮妞妞建立规则意识，告诉她只要符合规则，就算被别人攻击，她也有还击的权力，不用向任何人妥协。慢慢地，孩子开始学会从抢自己玩具的小朋友那里把玩具夺回来："是我先拿到的，我玩了以后再给你。"也知道拦住插队的小朋友："不许插队，排到后面去。"当孩子学会说出自己的想法，也会开始走向与他人沟通的第一步。

对于经常被欺负的孩子，家长不能一直责骂孩子"老实""没用"，这只是在伤害孩子的自尊心，让他变得更加懦弱。家长永远都要做孩子最坚强的后盾，给孩子力量和保护，但不能小题大做，看见孩子被"欺负"就过分呵护，让孩子觉得自己受了多大的委屈一样。孩子之间的"打架"大多是没有恶意的，一旦成年人过多干涉，实力弱小的孩子就会变得更加依赖，渐渐丧失了保护自己的能力。

谷老师分享

家　长： 我们家宝宝最近不知道怎么回事，变得越来越"暴力"，跟别的孩子一起玩总爱把对方推开、抢别人的玩具、打人、咬人，让我这做家长的很尴尬，该怎么制止他这种行为？

谷老师： 大部分情况下，我们都把焦点放在被打的孩子身上，其实，打人的孩子也需要得到关注和理解。这个年龄阶段的孩子打架并非出于恶意，很多时候是因为他们的情绪没有得到化解，加之语言能力有限，所以就转化成了攻击行为。对于打人的孩子，千万不能以暴制暴，动用武力，要给他们充分的爱和关怀，当孩子感觉自己不是孤立无援的，内心才会有安全感，才愿意和其他人友好、亲近。另外，家长也可以引导孩子学会用语言发泄情绪，教他妥善处理问题的方法。

老跟别人学

4岁的小强是一个活泼好动的男孩，总爱跟着院子里比自己大的哥哥、姐姐们玩，也喜欢模仿他们的动作、言语，有时还常常在人家背后捣乱。但那些小朋友似乎并不特别喜欢小强，对此，小强到不觉得，他每次都玩得很开心。只是，小强的妈妈为他不能融入一个群体而觉得着急，担心孩子的自尊心会受到伤害。

其实，任何人融入一个群体都是需要过程的，孩子通过模仿得到他人的认可，是他人际交往的心理安全需要。通过模仿，孩子的学习能力和独立意识有所增强，才有更多时间和精力去探索和创新。在这个过程中，我们要做的就是不断为孩子创造与小伙伴们交往的机会，给他正确的引导，让孩子从中获得乐趣。

"什么都是别人的好"，对于3~4岁的孩子来说，是一个十分正常的现象。一方面，孩子的好奇心强，想要不停地探索新鲜的事物，在他眼里，别人手里的东西一定跟自己的不一样，而且更有趣，所以他想要探个究竟。另外，孩子的自控能力较弱，喜欢从众，想要通过模仿得到同伴的认可，融入他人的活动中。这是孩子与同伴交往的需要，能使他获得一种群体归属感。

孩子的模仿能力是与生俱来的。7~8个月大的婴儿能模仿小猫、小狗等简单的发声。2岁的孩子动手能力逐渐提高，如果看到大人拿遥控器换台、用扫帚扫地，他也会拿起遥控器不停地按，用扫帚扫扫地。看见妈妈给自己扎辫子，她也想给布娃娃扎辫子。随着孩子的活动范围的扩大，3~4岁的儿童模仿能力就更强了，例如在医院看见医生打针，孩子也会在游戏中进行模仿，等等。

孩子喜欢模仿的原因有以下几种。

1.学习经验

幼儿对世界的认知有限，但他们具有很强的观察力，因而善于通过观察来模仿他人的言行。这是孩子社会化的开端。在模仿中，孩子学会分享和交流，获得了相应的经验。当然，孩子也希望自己得到他人的模仿，引起别人的注意，比如他常常说"你看我……""我教你……"等。

2. 获得群体归属感

孩子都喜欢从众，看见别人玩什么，自己也玩什么，看见别人有什么，自己就想要什么。因为他们渴望得到群体的认可，渴望融入，获得人际关系的依赖。

3. 自控能力差，独立意识较弱

从小到大，孩子的很多经验都是通过模仿学习到的，小时候是模仿父母、老师、同伴，随着年龄的增长，知识经验的积累，孩子模仿的对象更多的来自电影、电视中的人物。

模仿是孩子了解周围世界的方式，能使他获得更多认知和经验。对孩子来说，模仿他人的言行就是一种交往方式，这或许在大人看来十分幼稚，对孩子而言却非常重要。我们经常看到年纪小的孩子跟着大孩子后面跑，跟着别人玩游戏，是因为他也想融入那个群体，想获得别人的认可。10～19个月是孩子语言发展的关键阶段，这时，他们的模仿能力最强，父母可以利用这个时机对孩子进行语言教育。

模仿需要观察力和肢体协调能力，所以，爱模仿的孩子大多比较聪明。细心的家长会发现，孩子的模仿都是有发展规律的，在这个过程中，孩子不断学习，技能不断提高。

谷老师分享

家　长：孩子快4岁了，总是喜欢模仿别的孩子，别人干什么她就跟着干什么，就连其他小朋友涂指甲油她都要跟着学，完全没有自己的主见，真让我着急，这是不是好现象？

谷老师：对于孩子来说，从他一生下来接触的这个世界，他就不断地在感受，通过模仿在学习，构建自己的世界。这种模仿能使孩子在视觉、嗅觉、触觉和听觉上形成丰富的感知。孩子喜欢模仿说明他的观察能力强，父母要从旁引导，既不要让孩子失去模仿带给自己的快乐，也要教孩子一些方法，引导宝宝自己思考问题。

儿子总听不见我叫他

贝贝现在是越来越不听话了，无论我怎么叫他，就像听不见似的，该玩玩，该跑跑，非得要去拍他一下，才反应过来。这是什么问题？

心理学的秘密

男孩的家长大多经历过这个现象，叫了孩子好几遍他都听不见，总是爱理不理的，让人觉得很没礼貌。实际上，这并非孩子目中无人的表现，而是由男孩和女孩大脑发育的差异性所决定的。

男孩和女孩出生后，大脑会有两条不同的发育轨迹。其

222

中，女孩的胼胝体的一部分比男孩要大，胼胝体连接着大脑的两个半球，由于体积的不同，女孩的大脑能在同一时间处理更多的交叉信息，同时完成多项任务。而男孩则只能在一个时间段里做一件事，比如，男孩在玩游戏、看动画片或者玩其他游戏时，家长、老师叫他，他总是听不见，好像没长耳朵一样。面对这样的情况，很多家长会直接走过去给孩子一巴掌："我叫你怎么没听见？"次数一多，孩子就吸取了教训，当家长再叫他时，立马会说"我知道了"。这种做法的结果是，孩子的专注力被随意地打断了。

另外，相比男孩，女孩的颞叶中有更为强大的神经连接，所以，女孩对声音的语调很敏感，听力要强于男孩，男孩通常对出现在耳畔的声音感知能力较弱，他们更喜欢触觉体验。如果要跟男孩进行交流，我们最好的方式是走到他的身边，轻抚他的肩膀，呼唤孩子的名字，让孩子看着你，明确告诉他接下来该做什么，比如该吃饭或者该洗澡了。这远比站在另一个房间跟孩子说话有效。

男孩和女孩大脑发育的差别在胎儿时期就已显现，他们的差异主要表现在下面几个方面。

223

1. 男孩空间感知能力强于女孩

空间思维是男孩的强项，也是男女差异的显著特征之一。据法国一项对3岁儿童的调查表明，21%的男生能用积木搭桥，却只有8%的女生能做到。这也是为什么在学校里，女孩的数学成绩通常比男孩差，男孩在几何领域发挥得尤其出色。

2. 女孩语言能力比男孩好

研究表明，女性大脑对语言处理能力更加精密，所以大部分情况下，女孩说话比男孩早，在语文等阅读、写作上也表现得比男孩好。

3. 女孩运动方面不如男孩，但在精细动作上强于男孩

男孩奔跑和跳跃的时间平均比女孩早4~5个月，但画画、写字、手工等项目则是女孩的强项。

4. 男孩的情感表达比女孩更直接

男孩的大脑里，负责表达和处理感情的区域没有女孩发达，所以，女孩表达情感更复杂、细腻，常会触景伤情，富有同情心，男孩却无动于衷，因为他们更擅长直接处理感情。

谷老师分享

家　长：我儿子4岁了，总是不爱搭理人，每次叫他做什么事时总是听不见。我告诉他好几遍这样很不礼貌，有时也故意在他叫我的时候不理他，以为这样会让儿子吸取教训，可还是不管用，不知道怎么办才好？

谷老师：男孩"总是听不见"，不是因为他的习惯，也不是由后天养成，而是男孩与女孩大脑发育的区别决定了男孩们更在意触摸型体验。如果这时，我们轻轻拍拍正在看电视的孩子的肩膀，或者拉着他的小手，告诉孩子"宝贝，上床睡觉了"，这比直接关掉电视机或者在一旁不停地要求他，更能吸引宝贝的注意。

喜欢 "大怯色"

幼儿园的故事

（一）

　　"幼儿园老师跟我说，妞妞最近不知道怎么回事，原本性格挺开朗的，最近却变得不爱说话，总是缩在角落里不肯和小朋友一起玩耍。"妞妞妈跟妞妞爸唠叨着。妞妞爸爸看了看正安静待在一边的妞妞，赞同地说："是啊，以前在家总是吵吵闹闹的，现在怎么这么安静了？带孩子去看看心理医生吧！"心理医生经过一番询问，开了个"药方"：回去给孩子换一些鲜艳亮丽的衣服试试看。

　　原来，妞妞妈妈由于近来工作忙，没时间洗衣服，所以总是给孩子穿耐脏的深色衣服，不料，这样一个小小的细节却影响了孩子的情绪。听了医生的话，妈妈马上给孩子换上了她喜欢的颜色亮丽的衣服，还给她换了一套彩色的餐具。果然没多久，妞妞就恢复了原来的状态。

（二）

宝贝4岁了，有一天，她突然吵着要妈妈给自己买水彩笔和涂色书。从此，小家伙畅游在自己的"色彩"世界里，用各种明亮鲜艳的颜色"装饰"涂色书上的画，一边涂还一边开心地说："我要涂红色，我喜欢黄色，还有粉色，妈妈你看，我涂的小鸭子。"水彩笔里的红、橘、黄、绿、蓝等亮色都是被最先用完的。妈妈知道，此时正是孩子对色彩敏感的时期，为了培养孩子的想象力，她又给宝贝买了一套可以裁减下来并随意搭配的《幼儿时装设计画册》。看着"模特"每天穿着自己搭配的衣服，孩子心里美滋滋的。

心理学的秘密

3～4岁的儿童对色彩的认知特别敏感，他们会选择鲜艳的衣服、玩具，等等，这对孩子的心理状态和情绪起着非常重要的调节作用。

宝宝突然无缘无故地感到害怕、开始哭泣，甚至大发脾气。我们很不理解，不明白宝宝为什么这么胆小、爱发脾气。其实，宝宝有那样的表现并不是我们所认为的胆小或者爱发脾气所致。那么，真正的原因究竟是什么？

宝宝3岁时，就开始进入秩序敏感期了。在秩序敏感期内，宝宝需要一个有序的环境来认识事物、熟悉环境。一旦熟悉的环境产生变化，他们一时之间还无法快速地适应新的环境，所以就会用那些我们难以理解的害怕、哭泣或者大发脾气的方式来表现这种暂时的不适感。

在这里，我们可以确定"对有序环境的要求"是幼儿的一种显著的敏感表现。比如物品的摆放顺序、生活习惯等。如果我们在这个敏感期内没能给宝宝提供一个有序的环境，宝宝就不能很好地建立起对各种秩序的良好感觉。当秩序感建立起来时，宝宝的智能也就开始快速发育了。

那么，在宝宝处于秩序敏感期时，我们应该给宝宝营造一个怎样的色彩环境？专家给我们的建议是，在宝宝的秩序敏感期，广泛地应用浅绿色来布置宝宝所处的环境，因为浅绿色是平衡色，其次可选择黄色，然后是橙色，最后是红色。

不同的色彩能够给人带来不同的心理感受。知道了这个结论，其实家长可以根据不同的场合用色彩来调节孩子的情绪，培养孩子的健康心态，让孩子在不知不觉中成为一个健康快乐的宝宝。

有些孩子容易紧张，遇到一点小事就会退缩害怕，这时候可以多让孩子接触大自然的绿色，因为绿色可以让人安静，还可以帮助孩子缓解失眠。

当孩子生病的时候，一定不要给孩子穿白色的衣服，因为白色会向孩子传达一种没有希望的惨淡感觉，不利于孩子的身体康复。这时候，充满阳光和活力的色彩反而是一种比较好的选择，比如浅紫色或者淡粉色。但是也要注意不要用过于浓重的色彩，因为这会让孩子感到烦躁，不能安心养病。

如果孩子脾气急躁，一遇到不顺心的事情就发脾气，还是个急性子，这时候，可以试一下蓝色疗法，让孩子穿一些蓝色的衣服或者多接触蓝色的事物。

如果孩子性格孤僻，朋友不多，不愿意和其他的小朋友一起玩儿，可以多让孩子接触一些黄色的东西。因为黄色能够引起真诚的心灵沟通和认真倾听的效应，有助于建立真诚而稳定的友谊。在孩子的穿着和用具上多使用黄色，不仅可以让孩子产生与别人真诚沟通的欲望，也给其他的小朋友心理暗示，让他们愿意倾听自己孩子的诉说，能够让自己的孩子被小伙伴接纳。

还有的孩子特别喜欢用肢体接触别的孩子，富有攻击性，这样的孩子可以让他多接触橙色，因为橙色是给人带来温暖的颜色，能够让孩子产生满足和快乐的心理感受。当孩子产生温暖的感觉，他就能和其他的小朋友友好相处了。

孩子喜欢的色彩可以揭示孩子的性格和心理状态，而家长也可以巧妙地利用色彩来帮助孩子拥有更好的性格，远离那些不良性格的影响，从而让孩子可以更快乐地成长，更和谐地和其他人相处，拥有一个美好的值得回忆的童年。

谷老师分享

家　长：今天，我女儿自己挑了一条葱心绿的裤子，西瓜红的上衣去幼儿园了，我发现她很喜欢颜色鲜艳和有图案的衣服，她为什么会喜欢这么艳的颜色？

谷老师：孩子现在正处于色彩敏感期，更偏爱红、黄、蓝、绿这类鲜艳的颜色，这对孩子眼睛的发展是有帮助的，另外，亮丽的颜色也更能调节孩子的心理状态和情绪，对宝宝的大脑发育有很好的作用。等孩子慢慢长大，就会好了。另外，家长在给孩子选衣服的时候一定不要自作主张，最好与孩子商量之后再做决定。

致谢

在本书的编写的过程中，我有幸认识了许多新朋友，也得到了很多老朋友的支持，感谢你们的热情帮助以及对出版本书所付出的努力。

感谢各位家长朋友的分享，感谢你们让有我机会倾听你们与孩子的故事，分享这些快乐的小天使们的成长过程。

同时也向北京市朝阳区安华里幼儿园的老师们表达真挚的谢意，在这里我想要写下你们的名字：陈星、范晨晨、胡洋彬、薛茜、张佳琪、汪晓婉、陈芳馨、屈金鑫、杨莉，感谢你们在繁忙的工作之余参与本书部分案例的写作，感谢你们的大力支持。

朋友与家人的关心使得本书的写作过程充满欢乐，对此我始终心怀感激。